第三次全国农作物种质资源普查与收集行动

湖南省农作物种质资源普查与收集指南

The Third National Crop Germplasm Resources Collection & Investigation Action

Guidelines for Investigation and Collection of Crop Germplasm Resources in Hunan Province

余应弘 主编

中国农业大学出版社

·北 京·

内 容 简 介

本书介绍了第三次全国、湖南省农作物种质资源普查与收集行动的背景意义以及具体实施内容；湖南省农作物种质资源分布的生态影响因素，湖南省农作物种质资源的分布、普查与收集以及保存利用情况；粮油、蔬菜、果茶、其他作物（烟草、桑、绿肥、香料、药用植物）的普查与收集方法以及在采集、保存、寄送过程中的注意事项。总结了湖南省种质资源的调查收集流程以及管理经验。

图书在版编目(CIP)数据

第三次全国农作物种质资源普查与收集行动 湖南省农作物种质资源普查与收集指南 / 余应弘主编 . —北京：中国农业大学出版社，2016.9

ISBN 978-7-5655-1702-0

Ⅰ.①第… Ⅱ.①余… Ⅲ.①作物－种质资源－普查－中国 ②作物－种质资源－收集－中国 Ⅳ.①S324

中国版本图书馆CIP数据核字（2016）第217917号

书　　名 第三次全国农作物种质资源普查与收集行动
湖南省农作物种质资源普查与收集指南

作　　者 余应弘　主编

策划编辑 王艳欣　　**责任编辑** 王艳欣
封面设计 郑　川　　**责任校对** 王晓凤
出版发行 中国农业大学出版社
社　　址 北京市海淀区圆明园西路2号　　**邮政编码** 100193
电　　话 发行部 010-62818525,8625　　读者服务部 010-62732336
编辑部 010-62732617,2618　　出　版　部 010-62733440
网　　址 http://www.cau.edu.cn/caup　　**E-mail** cbsszs@cau.edu.cn
经　　销 新华书店
印　　刷 涿州市星河印刷有限公司
版　　次 2016年10月第1版　2016年10月第1次印刷
规　　格 787×1 092　16开本　15印张　270千字
定　　价 98.00元

编委会名单

主 编

余应弘

副主编

许靖波　廖振坤　邱化蛟

主要编写人员（按姓氏笔画排序）

王同华　邓　晶　李小湘　李丽辉　刘学文　刘　振　刘新红　许靖波

阳标仁　张广平　张道微　肖庆元　肖　燕　汤　睿　余亚莹　余应弘

杨水芝　杨建国　周长富　周佳民　周书栋　周晓波　邱化蛟　宗锦涛

段永红　贺爱国　徐　海　黄飞毅　黄凤林　龚志明　喻名科　彭选明

惠荣奎　廖振坤

序

农作物种质资源是现代农作物种子产业的基石，是农业可持续发展的物质基础，是国家重要的战略性资源。2015 年，农业部、国家发展和改革委员会、科学技术部联合印发了《全国农作物种质资源保护与利用中长期发展规划（2015—2030 年)》，农业部启动了“第三次全国农作物种质资源普查与收集行动”，掀开了我国在新的历史时期、新的技术高度重视种质资源、抢救保护种质资源新的战略篇章。

湖南地处云贵高原第二台阶，属我国南北过渡地带，生态类型复杂，农作物种质资源丰富，被列为国家第一批实施“第三次全国农作物种质资源普查与收集行动”的四省（自治区、直辖市）之一。项目实施以来，湖南省人民政府高度重视，成立了以分管副省长戴道晋为组长的领导班子，省农委、省发改委、省财政厅、省科技厅及省农科院多部门协同，全面启动了全省农作物种质资源普查与收集工作。

为了科学、规范、有序地开展湖南省农作物种质资源普查与征集、系统调查与收集工作，湖南省农科院及农委总结前两次（1956 年、1978 年）资源收集工作成就及经验，针对本次行动的重点和难点，组织编写了《第三次全国农作物种质资源普查与收集行动　湖南省农作物种质资源普查与收集指南》一书。该书编写及时，不仅对湖南省农作物种质资源普查与收集工作具有重要的指导作用，而且值得其他省借鉴，是为序。

2016 年 9 月

前　言

湖南是农业大省，也是农作物育种强省。袁隆平先生领导的杂交水稻研究享誉全球，官春云先生领衔的双低油菜研究功勋卓著，湘研辣椒风靡全国，曾经占到全国种植面积的70%以上，等等。这些骄人的成果一是得益于先进的育种方法和思路，二是得益于育种家对农作物种质资源的重视与利用。农作物新品种育成经验告诉我们，对所有农作物种质资源进行保存具有重大的意义。但随着人类需求的提高与自然环境资源破坏、生物资源减少的矛盾日益突出，原生境农作物种质资源面临着枯竭的危险。

2015年，随着《全国农作物种质资源保护与利用中长期发展规划（2015—2030年）》的发布，农业部快速启动了“第三次全国农作物种质资源普查与收集行动”*，湖南被列为首批行动四省（自治区、直辖市）之一。湖南省人民政府高度重视，省农业委员会、省发展改革委员会、省科技厅、省财政厅及省农科院协同工作，制定了《湖南省农作物种质资源普查与收集工作方案》。全省80个普查县于9月底全面开展工作，至2016年9月底，湖南省农业科学院种质资源库共接收各类农作物种质资源3 409份，圆满完成了项目年度任务。

本书是国家农业部“第三次全国农作物种质资源普查与收集行动”项目的研究成果之一。第一章介绍了第三次全国以及湖南省农作物种质资源普查与收集行动背景意义以及具体实施内容；第二章重点介绍了湖南省农作物种质资源分布情况、资源普查与收集成效和保存现状，以及2015年湖南省第三次农作物种质资源普查与收集工作经验总结；第三、四、五、六章分别介绍了粮油、蔬菜、果茶、

---

* 本次普查不包括台湾省、香港特区、澳门特区。

其他作物（烟草、桑、绿肥、香料、药用植物等）种质资源创新利用情况与普查、收集的方法；第七章介绍了调查资料整理、种质资源移交及影像资料采集的方法及注意事项。本书编写的目的是总结湖南省种质资源的调查、收集管理经验，以期为今后的种质资源普查与收集工作提供参考。

本书是湖南省种质资源调查团队共同努力的结果，多个研究单位多学科专家共同参与了编写。张广平负责编写第一章，邓晶、刘新红、杨建国负责编写第二章，王同华、李小湘、张道微、段永红负责编写第三章，杨建国、贺爱国负责编写第四章，杨水芝、周长富、徐海、黄飞毅负责编写第五章，周佳民负责编写第六章，黄飞毅、余亚莹负责编写第七章。余应弘、许靖波、廖振坤、邱化蛟、邓晶、刘新红、张广平、李小湘、龚志明、彭选明、刘学文、宗锦涛、肖庆元参与了全书的组织策划、技术指导并负责统稿。在本书的编写出版过程中，得到了中国农业科学院第三次全国农作物种质资源普查与收集项目组、中国农业科学院作物研究所、湖南省农业科学院科学技术处、湖南省农业委员会种子管理处等有关单位的领导、专家们的关心和支持。此外，资源调查组队员李丽辉、刘振、阳标仁、周书栋、周晓波、黄凤林、惠荣奎，以及资源保存繁殖负责人汤睿、喻名科，摄影指导肖燕等均为本书的编写付出了心血，在此一并谨致谢意。

湖南省参与了1956—1957年、1979—1983年两次全国性大规模的农作物种质资源征集工作，进行了大量的收集、保存、评价鉴定及创新利用研究，并在此基础上建立了一个种质资源库及多个初具规模并有特色的种质资源圃，凝聚了三代人的心血。我们试图尽可能地总结传承，但总是难以周全，书中错误在所难免，敬请读者、同行专家批评指正。

编　者

2016年4月20日

目　录

第一章　第三次全国农作物种质资源普查与收集行动

第一节　第三次全国农作物种质资源普查与收集行动背景意义

农作物种质资源是农业科技原始创新、现代种业发展的物质基础，是保障粮食安全、建设农业生态文明、支撑农业可持续发展的战略性资源。

新中国成立以来，我国先后于1956—1957年、1979—1983年两次开展了全国性大规模的农作物种质资源调查征集，并多次进行专项考察搜集；续后建立了国家农作物种质资源保存长期库、中期库、原生境保护点、异位保护种质圃和国家基因库相结合的种质资源保护体系。截至目前，我国保存农作物种质资源48万余份，其中国家长期保存350多种农作物的44万份种质资源，位居世界第二，为农作物育种与基础研究提供了重要支撑。

但是，必须看到的是，我国农作物种质资源保护与利用工作还不能满足现代农作物种业发展的需要，面临着新的挑战：一是特有种质资源的消失风险加剧；二是优异资源和基因资源的发掘利用严重滞后；三是种质资源的保护与鉴定设施不完善；四是种质资源的有效交流与共享不够。

围绕农业科技原始创新和现代种业发展的重大需求，我国制定了“广泛收集、妥善保存、深入评价、积极创新、共享利用”的指导方针，以安全保护和高效利用为核心，突出系统性、前瞻性和创新性，统筹规划，分步实施，提出要集中力量攻克种质资源保护和利用中的重大科学问题和关键技术难题，进一步增加我国种质资源保存数量和丰富多样性，发掘创制优异种质和基因资源，为不断选育农作物新品种、发展现代种业、保障粮食安全提供物质和技术支撑。

2015年2月，农业部、国家发展和改革委员会和科技部联合印发了《全国农作物种质资源保护与利用中长期发展规划（2015—2030年）》（农种发〔2015〕2号），将“第三次全国农作物种质资源普查与收集行动”列为重点行动计划之一。2015 年 7 月，在财政部支持下，农业部办公厅相继印发《第三次全国农作物种质资源普查与收集行动实施方案》、《第三次全国农作物种质资源普查与收集行动 2015 年实施方案》，正式启动第三次全国农作物种质资源普查与收集行动。

第二节　第三次全国农作物种质资源普查与收集行动实施内容

一、第三次全国农作物种质资源普查与收集行动的总体部署

第三次全国农作物种质资源普查征集与调查收集行动（简称“普查与收集行动”）是针对目前我国种质资源保护和研究工作中最紧迫、最薄弱的环节组织开展的重点行动计划。通过该计划的实施，将进一步查清我国农作物种质资源家底，明确不同农作物种质资源的多样性和演化特征，预测今后农作物种质资源的变化趋势，提出农作物种质资源保护与持续利用策略。

根据部署，第三次普查与收集行动将全面普查我国 2 228 个农业县（市、区）不同历史阶段、不同作物种质资源的分布、演化与利用情况；并在普查基础上，系统调查我国 665 个农作物种质资源丰富的农业县（市、区）的各类种质资源情况，了解当地居民对不同农作物种质资源的认知、保护和利用途径，重点收集地方品种和培育品种，抢救性收集濒危、珍稀野生种及野生近缘种。

第三次普查与收集行动由农业部会同有关部门共同组织，地方参与，国家级专业科研院所为技术依托，组织全国相关单位，以县级行政区划为单位进行全面普查、系统调查与抢救性收集。

第三次普查与收集行动的实施时间为五年，即 2015—2020 年。

二、第三次全国农作物种质资源普查与收集行动的目标任务

（一）农作物种质资源普查和征集

农作物种质资源普查和征集（简称“普查征集”），即全面普查全国 31 个省（自治区、直辖市）2 228 个农业县（市、区）的各类作物种质资源，征集种质资源 4 万～4.5 万份。正常情况下，要求每个省的普查征集工作在 1 年内完成。普

查征集工作主要由省级种子管理机构负责组织，县级农业行政单位承担。

（二）农作物种质资源系统调查与抢救性收集

农作物种质资源系统调查与抢救性收集（简称“调查收集”），即选择种质资源丰富的665个农业县（市、区），组织专业调查队伍，深入村、户、田间进行实地调查，抢救性收集资源5.5万～6万份。正常情况下，要求每个省的调查收集工作在2～3年内完成。调查收集工作由省级农业科学院组织承担。

（三）农作物种质资源鉴定评价和编目保存

对收集的10万份种质资源进行繁殖和鉴定评价后，编目入库（圃）保存7万份左右。2016年启动完成7 000份资源鉴定评价及5 000份资源编目入库，2018—2020年集中进行种质资源的种植、鉴定评价和编目、入库保存。

（四）农作物种质资源数据库建设

建立全国农作物种质资源普查数据库和编目数据库，并依据国家相关规定开放共享。

三、第三次全国农作物种质资源普查与收集行动的实施范围

（一）普查与收集对象

粮食、纤维、油料、蔬菜、果树、糖、烟、茶、桑、牧草、绿肥、热作等农作物种质资源，重点突出地方品种和野生近缘种。

（二）普查与征集范围

全国农作物种质资源相对丰富的31个省（自治区、直辖市）2 228个农业县（市、区）。2015年启动湖北、湖南、广西、重庆4省（自治区、直辖市）235个农业县（市、区）的种质资源普查工作，征集地方品种和野生近缘植物种质资源5 000份左右。2016年启动广东、江苏2省140个县的普查工作。

（三）系统调查与抢救性收集范围

系统调查种质资源丰富的665个农业县（市、区）。2015年启动湖北、湖南、广西、重庆4省（自治区、直辖市）22个县的种质资源调查工作，收集各类作物古老地方品种及其野生近缘植物资源2 000份左右。2016年开展广东、江苏2省19个县的调查工作。

第三节　湖南省第三次农作物种质资源普查、收集与创制行动

一、湖南省第三次农作物种质资源普查、收集与创制行动的背景意义

湖南省地处长江中游以南，属亚热带季风气候，是中国生物区系的核心地带——华中地区一部分，又是具有国际意义的陆地生物多样性关键地区——湘黔川鄂边境山地和粤桂湘赣南岭山地的一部分，农作物种质资源极为丰富。

作为农业大省，湖南省通过多年种质资源的收集和整理工作，获得了许多珍贵的种质资源。为摸清湖南省农作物种质资源家底，保护优异地方品种资源，湖南省于 1956—1957 年和 1979—1983 年两次参加了全国大规模的种质资源普查工作，挽救了一批濒临灭绝的地方品种和野生近缘种；续后建立了省级农作物种质资源保存中期库、异位保护种质圃、原生境保护点等。此外，湖南省还参加了“七五”、“八五”的水稻、蔬菜、果树、茶叶、油菜、大豆等农作物种质资源繁种编目入库、优异种质资源综合评价等国家攻关课题研究。目前，已上交国家库的湖南省农作物种质资源达 10 755 份，主要有水稻 6 662 份（含野生稻 317 份），小麦 495 份，油菜 365 份，大豆 610 份（含野生大豆 56 份），高粱 293 份，蔬菜 1 102 份，茶树 866 份，果树 56 份等。其中，水稻和辣椒种质资源的收集、评价和利用，对湖南省的农作物遗传育种取得突破性进展起到了关键作用。

在前两次的资源调查中，由于受到资金、人员、设备、交通条件、收集技术、保存条件等方面的限制，使得湖南省种质资源普查工作涉及的范围小，作物种类少。加上近年来，随着气候、自然环境、种植业结构和土地经营方式等影响因素的改变，湖南省农作物种质资源情况发生了较大变化——大量地方品种迅速消失，农作物野生近缘植物资源因其赖以生存繁衍的栖息地遭受破坏而急剧减少，因此，迫切需要尽快开展农作物种质资源的全面普查和抢救性收集工作，查清湖南省农作物种质资源家底，保护携带重要基因的资源。

2015 年，在农业部下发的《全国农作物种质资源保护与利用中长期发展规划（2015—2030 年）》（农种发〔2015〕2 号）文件中，以及召开的“第三次全国农作物种质资源普查与收集启动会”上，湖南省被确定为第一批实施种质资源普查与收集工作的 4 省（自治区、直辖市）之一。

为确保湖南省第三次农作物种质资源普查与收集工作顺利开展，湖南省迅速

建立了湖南省实施第三次全国农作物种质资源普查、收集与创制行动联席会议制度。联席会议由湖南省农业委员会、湖南省发展和改革委员会、湖南省科学技术厅、湖南省财政厅、湖南省农业科学院共五个部门（单位）组成，省农业委员会为牵头单位。在准确领会、把握农业部文件及会议精神的基础上，结合湖南省的实际情况，五部门（单位）共同制定了《湖南省第三次农作物种质资源普查、收集与创制行动方案》（湘农联〔2015〕181号）。

二、湖南省第三次农作物种质资源普查、收集与创制行动的目标任务

（一）农作物种质资源普查和征集

对湖南省105个农业县（市、区）开展各类农作物种质资源的全面普查，共征集种质资源2 400～4 000份。在此基础上，遴选各类栽培作物和珍稀、濒危作物野生近缘植物的种质资源1 500～2 000份。普查征集工作主要由湖南省各县（市、区）农业局承担，由湖南省农业委员会布置、协调、推进管理。

（二）农作物种质资源系统调查与抢救性收集

选择湖南省种质资源丰富的24个农业县（市、区）（注：依《湖南省第三次农作物种质资源普查、收集与创制行动方案》要求，湖南省确定为23个调查县，后根据实际情况，增加衡阳县为第24个调查县），组织专业调查队伍，深入村、户、田间进行实地调查，每县抢救性收集资源80～100份，共1 920～2 400份。调查收集工作由湖南省农业科学院组织承担。

（三）农作物种质资源保护、鉴定评价体系建设

对普查和收集的种质资源进行繁殖和基本生物学特征特性的鉴定评价，经过整理、整合并结合农民认知进行编目，入库（圃）妥善保存。建立省级农作物种质资源普查数据库和编目数据库。按照国家相关规定向国内开放共享。保护工作由有关农作物种质资源库（圃）、原生境保护点等单位负责；鉴定评价由鉴定与评价区域（分）中心、科学观测实验站、省级科研院所等单位负责，由有相关工作基础的人员承担实施。

（四）农作物新种质发掘与创制

完成1 000份种质资源的重要性状表型精准鉴定、全基因组水平基因型鉴定

及关联分析，发掘与创制50份有重要育种价值的新种质。该工作由湖南省国家级、省部级科研院所和高等院校负责。

三、湖南省第三次农作物种质资源普查、收集与创制行动的实施范围

（一）普查与收集对象

湖南省普查与收集对象包括粮食、油料、蔬菜、果树、茶、烟草、绿肥等农作物种质资源。重点收集湖南特有的地方种质资源及野生近缘种。

（二）普查与征集范围

普查湖南省内作物种质资源相对丰富的105个农业县（市、区），基本查清各类作物的种植历史、栽培制度、品种更替、社会经济和环境变化，以及重要作物的野生近缘植物种类、地理分布、生态环境和濒危状况等重要信息。分两批完成，第一批（2015—2016年）完成80个县（市、区），第二批（2017—2018年）完成25个县（市、区）。（注：依《湖南省第三次农作物种质资源普查、收集与创制行动方案》，原为第一批79个县，第二批26个县，后将衡山县由第二批调整为第一批，因此第一批80个县，第二批25个县）

（三）系统调查与抢救性收集范围

系统调查湖南省内种质资源丰富的24个农业县（市、区），抢救性收集各类栽培作物的古老地方品种、种植年代久远的育成品种、重要作物的野生近缘植物及其他珍稀、濒危野生植物种质资源。分两批完成，第一批（2015—2016年）完成7个县（市、区），第二批（2016—2017年）完成17个县（市、区）。

四、湖南省第三次农作物种质资源普查、收集与创制行动的行动内容

（一）农作物种质资源普查与征集

2015年7月，指导第一批县（市、区）农业局（委），组建由相关专业技术人员构成的普查工作组，每县（市、区）5人左右，开展普查与征集工作。

2015年8月中旬，制定种质资源普查和采集标准，编制培训教材，举办种质资源普查与征集培训班，解读农作物种质资源普查与收集行动实施方案及管理办法，培训文献资料查阅、资源分类、信息采集、数据填报、样本征集、资源保

存等方法，以及如何与农户座谈交流等。第一批县（市、区）农业局（委）各派2名骨干普查人员参加培训。

2015年8月至2016年5月，各县（市、区）农业局完成种质资源普查与征集工作（春夏播作物于2015年10月底完成，秋冬播作物于2016年5月底完成），将普查数据录入数据库，将征集的种质资源送交湖南省农业科学院。

2016年6～12月，湖南省农业委员会将普查资料整理、汇总并进行课题小结。湖南省农业科学院将征集的种质资源整理，临时保存，并建立数据库。

2017—2018年，在总结第一批县（市、区）种质资源普查与征集工作的基础上，进一步优化工作方案，完成第二批县（市、区）种质资源的普查与征集工作。

（二）农作物种质资源系统调查与抢救性收集

2015年7月，组织种质资源、作物育种与栽培、植物分类学等专业技术人员组建种质资源系统调查与抢救性收集课题组，共约20人。

2015年8月上旬，制定种质资源系统调查和采集标准，编制培训教材，举办种质资源系统调查和收集培训班，解读农作物种质资源普查与收集行动实施方案及管理办法，培训资源目录查阅核对、调查点遴选、仪器设备使用、信息采集、数据填报、资源收集、妥善保存、鉴定评价等。第一批县（市、区）农业局（委）、湖南省农业科学院和有关大专院校的专业技术人员参加培训。

2015年8月至2016年12月，湖南省农业科学院完成对第一批县（市、区）种质资源系统调查与收集工作（春夏播作物于2015年10月底完成，秋冬播作物于2016年5月底完成），将调查数据录入数据库，将收集的种质资源整理，临时保存。

2017—2018年，在总结第一批系统调查与抢救性收集工作的基础上，进一步优化工作方案，完成第二批县（市、区）种质资源的系统调查与抢救性收集工作。

（三）农作物种质资源保护与鉴定

2016—2020年，完善湖南省种质资源库的保存设施，完善和建设一批野生近缘植物原生境保护点，建设农作物种质资源鉴定与评价区域（分）中心。

2016—2025年，完善农作物种质资源保护技术规范，对新收集的种质资源进行基本农艺性状鉴定、信息采集、编目入库（圃）、长期保存；研究高成活率和遗传稳定的茎尖、休眠芽、花粉等外植体超低温和DNA（脱氧核糖核酸）保存关键技术，以及快速、无损的活力监测和预警技术；监测种植保存库（圃）和原生境保护点种质资源的活力与遗传完整性，并及时更新与复壮。

2016—2025 年，在多个适宜生态区进行表型精准鉴定和综合评价。开展全基因组水平的基因型鉴定，对特异资源开展全基因组测序与功能基因研究。

（四）农作物新种质发掘与创制

2016—2025 年，通过远缘杂交、理化诱变、基因工程等技术手段，向主栽品种导入新的优异基因，规模化创制目标性状突出、综合性状优良的新种质；研究建立创新种质中的技术体系，促进创新种质的高效利用。

第二章　湖南省农作物种质资源普查与收集

第一节　湖南省农作物种质资源分布的主要形成因素

湖南省位于我国东南部，长江中游以南，南岭山脉以北，总面积21.18万千米^2，约占全国土地面积的2.2%。湖南地处北半球的北纬24°40′～30°05′，南北相差为5°25′，最南离北回归线仅1°13′，东南边境离海岸仅400千米，属于典型的亚热带季风气候区。湖南省年日照时数为1 300～1 800小时，年平均气温16～19℃（1月平均气温4～7℃，7月平均气温27～30℃）。10℃以上的活动积温为5 000～5 840℃。四季分明，光热同步，大部分地区能满足双季稻加农作物两年五熟农作制，也能满足农、林、茶等农作物对热量的要求。

湖南位于东亚大陆东南部，受东亚季风环流影响极其明显。冬春季，北方蒙古高压强盛，寒潮频频，雨雪交加；春温多变；夏季受太平洋副热带高压控制，相对酷热干旱。境内年平均降雨量达1 200～1 700毫米，雨量充沛，季节分布不匀，但农作物主要生长季节（4～9月）降雨量可达600～1 000毫米，基本可满足农作物需水量。

湖南省地貌类型多样，地形地势错综复杂，山丘面积占全省总面积的70.22%。西北部武陵山脉、雪峰山脉，东部罗霄山脉，南部南岭山脉，海拔高度一般在1 000米以上，中部为衡阳盆地、邵阳盆地、湘潭-湘乡等盆地，海拔高度为200～500米。北部为洞庭湖冲积平原，为湖南省最低的地区，海拔大多在50米以下，凸显出西南东三面环山，地势向中部及东北部湘、资、沅、澧四水系下游倾斜，成为一个马蹄形向北敞口的不完整盆地状况。区域性水热状况受丘陵和垂直地势影响差异大，海拔每上升100米，气压降低1 240帕，温度降低0.4～0.7℃，同时降水、风速随高度的增加而加大。特别是北部洞庭湖和南部五岭山脉，强化了冬夏寒暑变化的程度。

湖南土壤属中亚热带气候区红黄土壤带，由于地貌地势、母质、水、热、植被等自然条件相互关系又相互制约的交错影响，使湖南省土壤的形成分布显现出垂直方向和区域性分布的特征：①土壤垂直分布特征明显：河湖平原主要属冲积土，500 米以下以红壤、黄壤为主；500 ～ 800 米以黄壤为主，800 ～ 1 000 米以黄棕壤为主；1 000 ～ 1 400 米系山地棕壤草甸土等。②成土母质多样，土壤性质因地而异。如红壤可发育为花岗岩、紫色沙页岩、石灰岩、第四纪红土等。③地形与水热条件不同，土壤地域性差异较大。如湘西地区，土壤水化度高，地表黄壤分布较广，雪峰山以东，季节交替明显，土壤以红壤化为特征。

根据《湖南省综合农业区划》报告，湖南省自然气候条件对农业生产的影响主要表现为：亚热带季风气候带来的光热水基本同季；复杂的地势地貌使光热水资源产生再分配，土地类型多样，地带性差异与非地带性差异交织，农业区域分布明显；植物资源分布种类繁多，农作物种质资源遗传多样性丰富，不同生态区特征突显等。这些特征为湖南省农业提供了发展的空间。依据上述农业区域分布规律，《区划》报告将全省划分为 6 个不同生态适应性类型（图 2-1）：Ⅰ. 洞庭湖平原粮、渔、牧、经作区；Ⅱ. 长衡丘陵盆地粮、油、养殖区；Ⅲ. 南岭山地丘陵林、粮、经作、牧区；Ⅳ. 祁邵丘陵粮食、经作、养殖区；Ⅴ. 雪峰山地林、经作、粮、牧区；Ⅵ. 武陵山地林、牧区。这一区域划分为提高湖南省农业宏观科学决策水平、为农作物种质资源普查与开发利用和对实施“十三五”发展规划和全面实现小康社会具有重大意义。

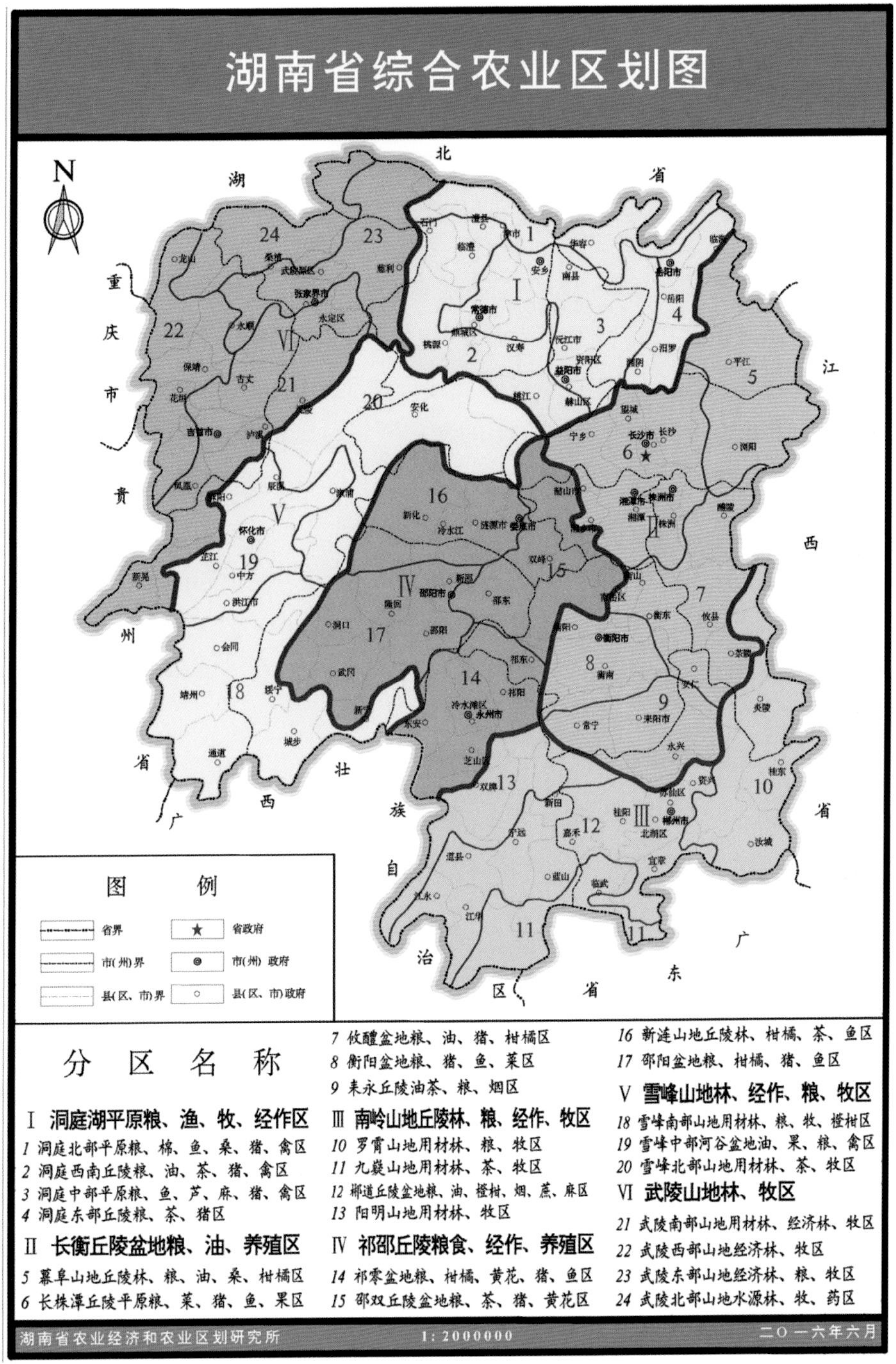
湖南省综合农业区划图
N
湖
北
省
重
庆
市
贵
州
省
广
西
壮
族
自
治
区
广
东
省
江
西
省
图 例
省界
省政府
市(州)界
市(州) 政府
县(区、市)界
县(区、市)政府
分 区 名 称
Ⅰ 洞庭湖平原粮、渔、牧、经作区
1 洞庭北部平原粮、棉、鱼、桑、猪、禽区
2 洞庭西南丘陵粮、油、茶、猪、禽区
3 洞庭中部平原粮、鱼、芦、麻、猪、禽区
4 洞庭东部丘陵粮、茶、猪区
Ⅱ 长衡丘陵盆地粮、油、养殖区
5 幕阜山地丘陵林、粮、油、桑、柑橘区
6 长株潭丘陵平原粮、菜、猪、鱼、果区
7 攸醴盆地粮、油、猪、柑橘区
8 衡阳盆地粮、猪、鱼、菜区
9 耒永丘陵油茶、粮、烟区
Ⅲ 南岭山地丘陵林、粮、经作、牧区
10 罗霄山地用材林、粮、牧区
11 九嶷山地用材林、茶、牧区
12 郴道丘陵盆地粮、油、橙柑、烟、蔗、麻区
13 阳明山地用材林、牧区
Ⅳ 祁邵丘陵粮食、经作、养殖区
14 祁零盆地粮、柑橘、黄花、猪、鱼区
15 邵双丘陵盆地粮、茶、猪、黄花区
16 新涟山地丘陵林、柑橘、茶、鱼区
17 邵阳盆地粮、柑橘、猪、鱼区
Ⅴ 雪峰山地林、经作、粮、牧区
18 雪峰南部山地用材林、粮、牧、橙柑区
19 雪峰中部河谷盆地油、果、粮、禽区
20 雪峰北部山地用材林、茶、牧区
Ⅵ 武陵山地林、牧区
21 武陵南部山地用材林、经济林、牧区
22 武陵西部山地经济林、牧区
23 武陵东部山地经济林、粮、牧区
24 武陵北部山地水源林、牧、药区
湖南省农业经济和农业区划研究所
1:2000000
二〇一六年六月

图 2-1 湖南省综合农业区划图

第二节　湖南省农作物种质资源分布概况

一、粮食、油料作物种质资源分布概况

（一）水稻种质资源分布概况

茶陵县、江永县发现普通野生稻，澧县八十垱遗址发现距今 8 000 多年的近万粒炭化水稻，道县玉蟾岩出土距今 12 000 年炭化稻谷，这些事实都证明湖南的稻作历史悠久。湖南省具有丰富的地方稻种质资源，参与全国统一编目的地方稻资源有 5 001 份。1981—1982 年的考察资料显示，湘南纬度 25° ~ 26°，海拔 1 450 米，以及湘北纬度 29° ~ 30°，海拔 1 100 米的地区是水稻种植的极限区。根据以往调查发现，湖南地方水稻品种地域性分布十分明显。其中湘东、湘中及湘西南地区种质资源最为丰富，类型较多；湘北、湘中和湘东、湘南、湘西南、湘西北五个稻作区所占地方稻资源的比例分别为 13.17%、45.27%、9.26%、22.83%、9.47%；各稻作区绝大多数为籼稻品种，也都有少量粳稻分布，粳稻多为糯稻品种。

陆稻（即旱稻）在湖南广为分布，历史上栽培面积曾达到百万亩（1 公顷 = 15 亩）。20 世纪 90 年代初零星分布于湘东、南、西、北山区，在雪峰山脉种植较多，一般栽培在海拔 600 ~ 700 米、云雾缭绕、空气湿润的山区斜坡上。湖南的陆稻品种多为粳稻糯稻，也有较少的籼粘类型的红米品种。随着水稻新品种不断推陈出新，湖南大力推广杂交稻及优质稻品种，近些年大面积种植古老地方水稻（旱稻）资源的情况已很罕见。

（二）旱粮、油料作物种质资源分布概况

湖南省旱粮、油料作物资源丰富、类型众多，在全省广泛分布（表 2-1）。旱粮作物主要有大麦、小麦、玉米、大豆、绿豆、蚕豆、甘薯、荞麦等。大麦在湖南各地均有零星种植，以农家品种为主，大多数为四、六棱裸大麦，芒形有长、短、无、钩芒等类型，粒色有黄、紫等颜色，近年来大麦种植数量急剧下降。湖南省小麦属软粒型普通小麦，历史上主要产区为邵阳、常德、湘西土家族苗族自治州、张家界、娄底、怀化、永州等地，经过长期人工和自然选择，湖南省的小麦种质资源形成了耐贫瘠、耐湿、高蛋白含量等特点，但由于赤霉病发生严重，近年来

全省小麦生产区域所剩无几。玉米主产区主要分布于湘西和湘北，其他地区均有零星分布，品种类型丰富，籽粒类型有硬粒、马齿、中间型、粉质、糯质等，粒色有红、黄、白等多种颜色。湖南省大豆资源非常丰富，野生大豆分布极其广泛，南起江华、宜章，北至华容、石门，东起桂东、祁阳，西至龙山洪江均有野生大豆。马王堆汉墓出土文物表明湖南在 2 000 多年以前就开始栽培和利用大豆。湖南栽培大豆主要有春大豆、夏大豆和秋大豆三种类型，其中春大豆主要分布于湘中和湘南地区，夏大豆主要分布于湘西、湘北和湘西北的山区，秋大豆主要分布于衡阳、永州和郴州等地市。绿豆与蚕豆主要集中分布于湘北棉区和湘中丘陵地区，而小豆主要分布于湘南山区。甘薯在湖南省各地均有分布，以湘中与湘南面积较大，其次在湘北和湘西红壤旱土种植也较多。湖南小杂粮在全省各地都有零星分布，其中荞麦主要分布于湘西自治州、怀化、益阳、张家界等地。薏苡在湖南主要为野生资源，仅邵阳和湘潭地区有部分人工栽培种。䅟子主要分布于新化和武冈。

表 2-1　湖南省主要旱粮、油料作物种质资源分布情况

种质资源	分布区域
玉米	全省均有种植，以湘西自治州、张家界、怀化和常德等地居多
甘薯	全省各地均有分布，以湘中与湘南、湘北和湘西红壤旱土种植面积较大
大豆	春大豆主要分布在湘中和湘南地区；夏大豆主要分布在湘西、湘北和湘西北的山区；秋大豆主要分布在衡阳、永州和郴州等地区
油菜	湘西、湘北山区及土质比较贫瘠的地区
花生	全省各地均有分布，主要集中于湘中和湘西，其次为湘南
小豆	湘南山区
蚕豆、绿豆	湘北棉区和湘中丘陵地区
小麦	邵阳、常德、湘西自治州、张家界、娄底、怀化、永州等地区
荞麦	湘西自治州、怀化、益阳、张家界等地
䅟子	新化、武冈
薏苡	野生为主，邵阳和湘潭有少量栽培
大麦	全省各地零星种植

油料作物以油菜为主。湖南是白菜型油菜和芥菜型油菜的原产地之一，其中白菜型油菜是20世纪60年代以前的主栽油菜类型，芥菜型油菜主要分布于湘西、湘北的山区及土质比较贫瘠的地区。20世纪50年代，随着甘蓝型油菜的引进和推广，白菜型和芥菜型油菜逐渐退出大面积生产。花生分布遍及各地市，主要集中于湘中和湘西，其次为湘南，以小籽类型为主。

二、蔬菜作物种质资源分布概况

湖南省有100多种蔬菜种质资源，分布于湘西、湘北、湘中、湘南四大区域。根据不同的分布特点，可以将湖南省蔬菜种质资源分为四类：第一类在全省各地均匀分布，栽培面积大，种质资源较为丰富。如萝卜、白菜、黄瓜、丝瓜、茄子、辣椒、豇豆、菜豆等。第二类在全省有种植，但重点分布在某些区域。如南瓜、冬瓜、生姜、大蒜、韭菜、茎用芥菜、根用芥菜等蔬菜，有岳阳南瓜、南县冬瓜、双牌生姜、凤凰吉信生姜、茶陵大蒜、南县韭菜、南县榨菜、华容榨菜、湘潭九华红菜薹、永顺大头菜等地方品牌。第三类分布在个别地区，区域内种植面积较大。如华容黄白菜薹，祁东、邵东黄花菜，湘阴藠头，江永香芋，湘潭寸三莲，龙山百合等，属于地区特色种质资源。水生蔬菜如菱角、水芹菜，主要分布于洞庭湖区的岳阳、南县、华容、沅江等地。第四类仅分布在个别地区，且种植面积不大。如鸭脚板、阳荷、鱼腥草等野生蔬菜资源，分布于湘西自治州的山区。湖南省主要蔬菜作物种质资源分布情况如表2-2所示。

表2-2　湖南省主要蔬菜作物种质资源分布情况

蔬菜作物资源	分布区域
萝卜、白菜、黄瓜、丝瓜、茄子、辣椒、豇豆、菜豆	资源丰富。全省各地均匀分布
南瓜、冬瓜、生姜、大蒜、韭菜、茎用芥菜、根用芥菜、红菜薹	全省分布，重点产区为岳阳县、南县、双牌县、凤凰县吉信镇、华容县、湘潭县、永顺县、茶陵县等地区
菜薹、黄花菜、藠头、香芋、寸三莲、百合、菱角、水芹菜	特色资源。个别地区有分布，如华容县、祁东县、邵东县、湘阴县、江永县、湘潭县、龙山县、岳阳县、南县、沅江市等
鸭脚板、阳荷、鱼腥草	野生资源。主要分布于湘西自治州的山区

三、果树、茶树种质资源分布概况

（一）果树种质资源分布概况

湖南省果树资源非常丰富，在武陵山区、罗霄山脉、南岭山脉和雪峰山脉的大部分山区及湘中北丘陵区均有分布，其中偏远山区的野生果树资源尤为丰富。主要种质资源有柑橘、猕猴桃、杨梅、葡萄、柿、桃、李、梅、枣、梨、枇杷、核桃、栗类等。湖南省主要果树种质资源分布情况见表2-3。

表2-3 湖南省主要果树种质资源分布情况

果树类型	果树资源	分布区域
柑果	柑橘	全省均有分布，湘西椪柑，湘中北蜜橘，湘南脐橙，湘西南甜橙和冰糖橙，张家界、永州、怀化柚类
浆果	猕猴桃	湘西自治州、张家界、怀化、常德、邵阳、长沙、娄底
	杨梅	怀化市、邵阳市、郴州市、永州、衡阳
	葡萄	湘西、怀化、邵阳、张家界、永州、郴州、衡阳、长沙、株洲
	柿	全省均有，其中山区自然分布较多
核果	桃	分布于湖南全省，种植面积较多的市州为衡阳、岳阳、郴州、怀化、常德、永州、邵阳
	李	益阳、长沙、郴州、衡阳、张家界、湘西自治州
	梅	益阳、郴州、长沙
	枣	衡阳、怀化、湘西
仁果	梨	湘西自治州、郴州、邵阳、长沙、常德、怀化、岳阳
	枇杷	益阳、常德、永州、怀化、湘西、郴州、长沙
坚果	核桃	湘西自治州、怀化、邵阳、张家界
	栗	全省均有分布，野生资源较多

（二）茶树种质资源分布概况

湖南省属我国茶树区划的江南茶区，是茶树迁移、演化的过渡带，保存着许多进化程度不同的珍贵茶树种质资源，部分资源兼具大叶种和中小叶种的特点。湘南（即南岭山脉）的野生茶树种质资源主要属于半乔木型，大叶类，一般内含物丰富，适制优质红茶，也有普通灌木型茶树。湘西从北至南（即武陵山及雪峰山系）主要是灌木型，但也有树型比较高大的，大多是中叶类，纯度比较高，内含物比较丰富，适制红、绿茶。湖南境内分布着以城步峒茶、江华苦茶、汝城白毛茶和云台山种 4 个群体为代表的茶树种质资源。湖南的茶树资源主要分为白毛茶、阿萨姆茶和茶 3 类。白毛茶以汝城白毛茶为代表，主要特征为叶背、萼片等各部位均有毛；阿萨姆茶主要包括江华苦茶、酃县苦茶、茶陵苦茶和蓝山苦茶等资源，其特征为树型为小乔木，叶面大，叶面显著隆起，种子较大，与茶和白毛茶都有所不同；其他资源比如云台山种等基本上都属于茶。湖南省代表性茶树种质资源及原产地情况见表 2-4。

表 2-4　湖南省代表性茶树种质资源及原产地情况

茶树资源	原产地	茶树资源	原产地
城步峒茶	城步县	君山银针 1 号	岳阳县
青叶峒茶	城步县	君峰	岳阳县
黄叶峒茶	城步县	君山绿茶 6 号	岳阳县
汝城黄屋青茶	汝城县	平江槠叶种	平江县
汝城永丰茶	汝城县	湘安 17 号	安化县
汝城白毛茶	汝城县	湘安 22 号	安化县
汝城上野青茶	汝城县	云台山 1 号	安化县
莽山大叶	宜章县	安化 101	安化县
莽山 1 号	宜章县	湘安 5 号	安化县
莽山 2 号	宜章县	保靖黄金茶 1 号	保靖县
会同郎将茶	会同县	黄金茶 2 号	保靖县
黄茶塔茶	会同县	黄金茶 3 号	保靖县
江华苦茶	江华县	黄金茶 8 号	保靖县
酃县苦茶	炎陵县	涟茶 1 号	涟源市
茶陵苦茶	茶陵县	涟茶 2 号	涟源市
蓝山苦茶	蓝山县	涟源奇曲	涟源市
牛皮茶	江华县	五道水茶	桑植县
甜茶 1 号	江华县	西莲 1 号	桑植县
甜茶 2 号	江华县	醴陵大叶枇杷茶	醴陵市
竹叶苦茶	江华县	洞口茶	洞口县
桂东大叶苦茶	桂东县	石门空心茶	石门县

四、其他作物种质资源分布概况

湖南省种植面积大、经济地位比较重要的其他作物主要包括烟草、桑、绿肥、香料作物、药用植物等作物。其中，药用植物资源虽然不是这次普查的目标，但由于许多药用植物都是药食两用作物，因此，部分药用植物资源也可以进行普查和征集。湖南省其他作物种质资源分布情况见表 2-5。

表 2-5 湖南省其他作物种质资源分布情况

资源名称	分布区域
烟草	桂阳、宁远、江永、道县、浏阳、邵阳、龙山等地
桑	津市、花垣、沅陵、湘乡、双峰、祁东、永顺、溆浦、洞口、平江、泸溪等地
紫云英	全省各地均有种植
苕子	全省各地均有种植
山鸡椒	全省各地均有分布，以江永、道县、常宁等地居多
茴香	全省各地均有分布，浏阳、华容等地有一定面积种植
紫苏	全省各地均有分布
薄荷	全省各地均有分布，以道县、零陵、江永、江华等地居多
生姜	全省各地均有分布
花椒	全省各地均有分布
金银花	隆回、双牌、龙山等地
玉竹	浏阳、常宁、邵阳等地
厚朴	道县、桂东、江永等地
白术	平江、浏阳等地
黄精	全省各地均有分布

第三节 湖南省农作物种质资源普查与收集工作成效

一、湖南省粮食、油料作物种质资源普查与收集

（一）水稻种质资源普查与收集

湖南地方稻资源的遗传多样性极为丰富。经过 1956—1957 年和 1979—1983 年两次大规模的普查、收集，湖南省分别获得地方稻资源 9 267 份和 1 086 份。第一次收集的地方稻资源在“文革”时期损失过半，只剩下 3 900 余份。与第二次征集资源统一整理，最终有 5 001 份参加全国统一编目。目前，湖南有

4 779 份地方稻资源保存于国家长期库，4 696 份保存于湖南省农作物种质资源库（图 2-2）。

1982 年全国第二次普查，在湖南江永县和茶陵县境内发现普通野生稻(图 2-3)，填补了湖南野生稻资源的空白。当时收集、编目和评价了湖南江永和茶陵野生稻资源 317 份，分别以种子或种茎的形式保存于国家长期库和国家野生稻异地保护圃。2003 年、2005 年湖南茶陵及江永的野生稻原生境被列为农业部野生稻原生境保护区，使得湖南省野生稻得到有效的原位保护。自 2004 年以来，湖南省水稻研究所在分子标记分析广东、广西、江西、海南、湖南 5 省（自治区）8 个居群遗传多样性的基础上，形成了以湖南野生稻为主体的普通野生稻原位和异位保护技术体系，创建“长沙野生稻异位种茎核心圃”。湖南省农作物种质资源库保存了来源于湖南、广东、广西、海南及印度尼西亚等国内外的普通野生稻资源 666 份。同时，率先制定并发布了省级地方标准——《稻种资源评价》(DB 43/T 266.1–3)。

图 2-2　形态多样的水稻种质资源

图 2-3　湖南茶陵野生稻

（二）旱粮、油料作物种质资源普查与收集

在全国统一部署的第一、二次全国种质资源普查行动中，湖南省农业科学院开展了湖南省旱粮、油料作物种质资源征集工作，先后考察了 265 个县次，查清了湖南省旱粮、油料作物资源的种类与分布，共征集了 15 个作物 2 180 份种质资源，收集、鉴定省内外种质资源 5 000 份，上交国家种质资源库保存 2 667 份。(图 2-4，图 2-5)

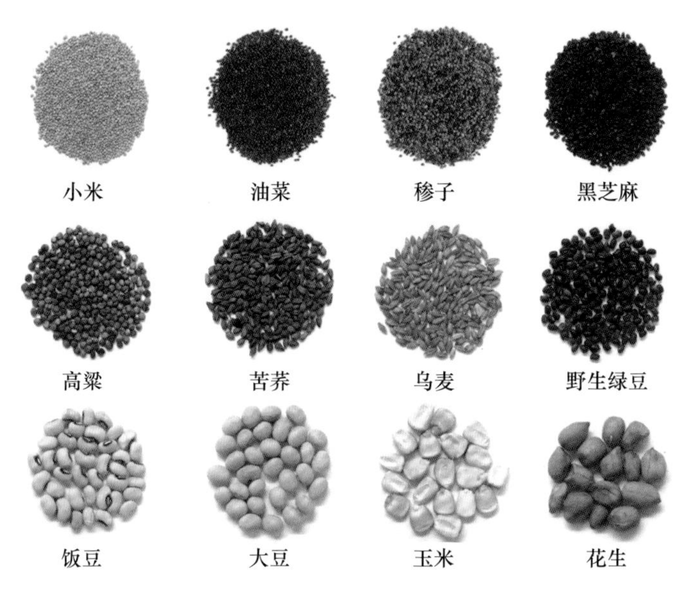

图 2-4 形态多样的旱粮种质资源

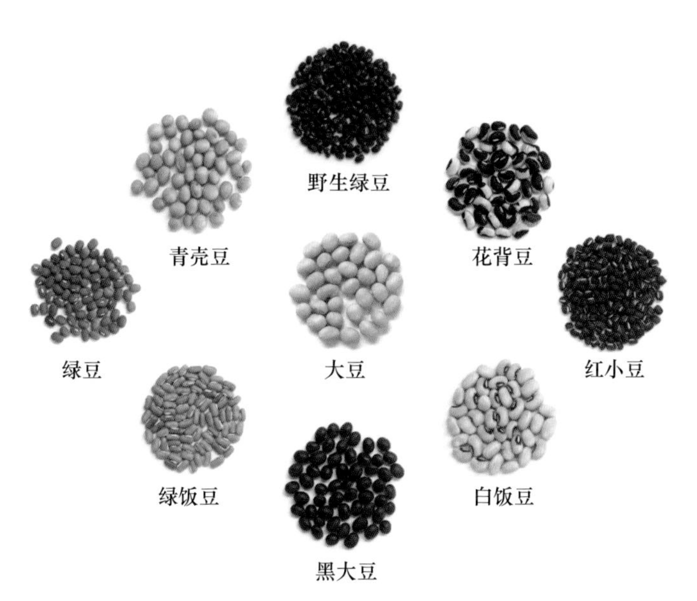

图 2-5 形态多样的豆类种质资源

据统计，通过两次对湖南省旱粮、油料作物进行系统分析鉴定，评选出优良地方种质资源 21 份、引进资源 25 份，利用省内外种质资源直接评选或杂交选育成的品种逾 100 个。其中，直接评选出的小麦品种有平江大肚黄、浏阳有芒、南大 2419、中大 2509、吉利麦、友谊麦等；大豆有乌壳黄、南湾豆、岳阳牛毛红、临湘白花豆等；油菜有洞口甜油菜、长沙桂花籽、邵东花油菜、常德南京籽等；玉米有马齿白、马齿黄、金黄玉等。此外，筛选出的 532 份优异种质资源在早熟、矮秆、大粒、多粒、抗病、高蛋白、高油分等方面表现突出，另有 50 余份特异资源具有特色保健作用和药用价值，在食品加工和医药保健等行业应用前景广阔。通过对 40 余年的旱粮、油料作物种质资源工作的系统总结，湖南省农业科学院作物研究所于 1993 年编写了《湖南省旱粮油料种质资源目录》一书，详细反映了湖南主要旱粮、油料作物种质资源的特点和利用价值，对挖掘湖南省旱作资源潜力、发挥资源优势、提供各类资源入国家资源库保存以及开发利用优异种质资源等都十分重要，同时对湖南旱粮、油料作物资源的合理利用、种植结构的合理调整和品种的合理搭配等战略决策也具有重要意义。

二、湖南省蔬菜作物种质资源普查与收集

湖南省先后参加了“七五”、“八五”蔬菜种质资源普查、繁种入库、优异种质资源综合评价等国家攻关课题研究。通过 1956—1957 年、1979—1983 年两次种质资源普查，在湖南省 33 个市（县）的 35 个辣椒产区收集到种质资源共 87 个（图 2-6）。经产区考察及田间鉴定，从中筛选出了 24 个综合性状优良的地方传统品种推荐上地方志，如：长沙矮树早、伏地尖，汉寿六月红，安江六十早，常德早耙齿、迟耙齿，黄兴镇光皮椒，河西牛角椒，泸溪玻璃椒等。1978 年，在湖南省湘西自治州发现了野生番茄，1993 年在花垣县设立了野生番茄资源圃。1982—1983 年湖南省蔬菜种质资源调查中收集到了 45 个黄瓜品种，后续进行了田间鉴定。同时，考察了南岳自然保护区的野菜资源，并对 101 种野菜植物进行了描述。(图 2-7)

1990 年，湖南省首次大规模、系统地调查了蔬菜种质资源，基本摸清了湖南省蔬菜种质资源家底，共调查蔬菜种质资源 1 469 份，征集 1 209 份，编入中国蔬菜品种资源目录的 1 104 份，对 35 种 858 份主要蔬菜的种质资源进行了田间鉴定，并对野生蔬菜资源进行了专题调查。通过调查发掘了一批地方名优品种资源，为国内名优蔬菜的交流与开发做出了贡献，并抢救了一些濒于丢失的珍贵资源。在鉴定整理的基础上，编写了 11 份资源目录，7 份品种志，5 份品种资源集，发表了 11 篇学术文章，撰写了 13 份调查报告，丰富了我国的蔬菜种质资料宝库。

图 2-6　形态多样的辣椒种质资源

图 2-7　形态多样的蔬菜种质资源

因客观因素影响，前两次的蔬菜种质资源调查与收集工作只覆盖到湖南省的75个县，还有31个县没有进行该工作。此外，部分蔬菜种质资源未被列为收集对象，如水生蔬菜类，多年生蔬菜，葱蒜类，绿叶蔬菜类，甘蓝类中的花椰菜、西兰花、苤蓝、抱子甘蓝、羽衣甘蓝，瓜类中的笋瓜、佛手瓜，薯芋类的山药、芋头、生姜、秋葵等。

三、湖南省果树、茶树种质资源普查与收集

（一）果树资源普查与收集

1956—1957年，湖南省农业厅组织开展了柑橘资源调查，了解了湖南省柑橘产业发展和资源分布的基本情况。在柑橘调查基础上，1958—1959年，配合中国果树资源调查、整理、保存委员会的工作计划部署，集全省科研院所、相关农林院校和地方供销社等部门主要包括湖南省农业科学院园艺所、湖南省农学院园艺系、中南林学院、湖南省林科所等单位，发动1 200多名科技人员和基层管理人员，开展了全省果树资源普查工作，摸清了湖南省果树资源的特点。湖南省为常绿果树与落叶果树的混交区，共有果树种类25类，按生物学分类为14科21属34个种，其中主要的栽培种类有13类，以柑橘为主，占全省总产量的53.5%；其次为桃、李、梨，占全省总产量的43.8%，再次为枣、柿、枇杷等。1960—1963年对已收集的果树资源进行了评价鉴定，确定了40个湖南省优良地方果树品系在全省推广栽培，包括长沙梅柑、永顺蜜橘、大庸光橘、靖州血橙、

浦市甜橙、长形甜橙、大红甜橙、蓝山金柑等15个柑橘种类，宜章甜宵梨、短把梨，保靖阳冬梨，靖州鸭蛋青梨等12个梨类，牙白桃、沅江太平果（李）、衡山白糖李、道县桐子李、沅江胭脂梅等5个核果类，以及靖州光叶杨梅、沅江牛奶枇杷、衡山夏浦长枣、溆浦鸡蛋枣、湘西油板栗、祁东藕柿、隆回腰带柿等种质资源。

20世纪70年代，湖南省分别对长沙、溆浦、沅江、衡山等地的柑橘地方良种及常德、零陵、湘西自治州等重点地区的柑橘野生资源开展调查，证实湖南的柑橘种质资源分布广、种类多，具有显著的地域优势特色。20世纪90年代，湖南省相关农林科研院校联合在全省14个地州市87个县市区开展了调查，调查发现可以作为果树资源的种类有18科39属209种，其中蔷薇科数量最多，达到87种（图2-8，图2-9）。大部分资源的鲜果可食用，一些则可加工成果脯、果酱或果酒等食品，部分种质资源具有高抗、适应性广、根系发达等特征，是非常优良的砧木资源。

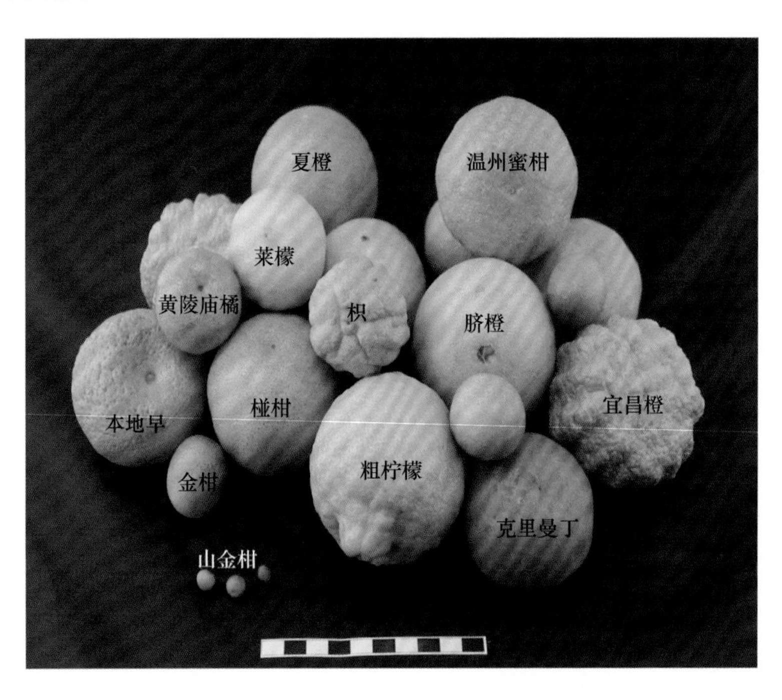

图2-8　形态多样的柑橘种质资源(果实)

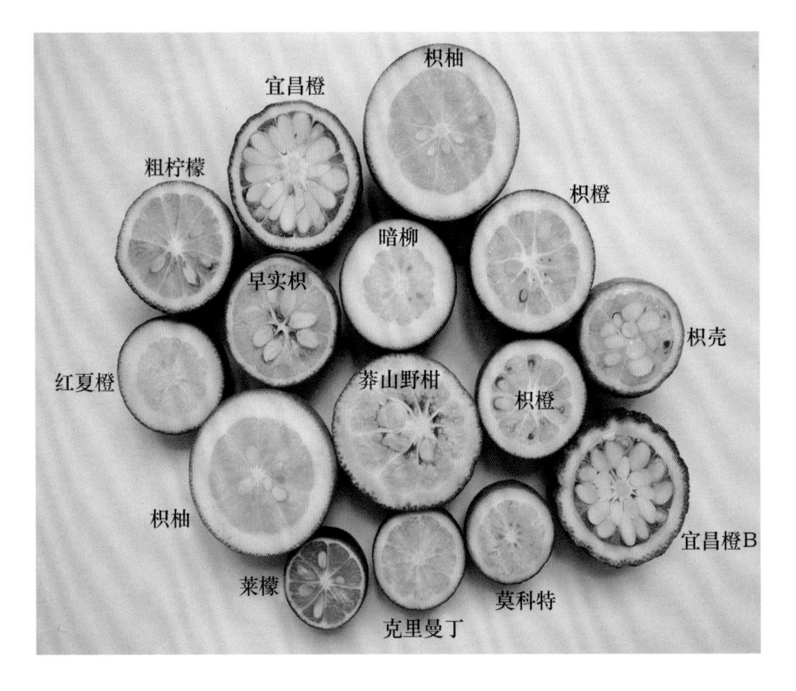

图 2-9　形态多样的柑橘种质资源（横切面）

（二）茶树资源普查与收集

从 20 世纪 50—60 年代开始，湖南省茶叶研究所等单位相继开展了系统的全省茶树资源考察和收集工作。1979—1982 年由湖南省经济作物局和湖南省茶叶研究所主持，持续 4 年对 10 个地（市）、43 个县（市）茶树品种分布状况进行了野外调查，共收集茶树资源 275 份，其中地方群体种 112 个，单株 68 个，野生单株（群体）73 个，选育品种（品系）17 个，引进种 2 个，近缘植物 1 个，茶的代用植物 2 个，收集腊叶标本 322 份，照片 195 份，分析样茶 144 个。1993—2009 年，湖南省茶叶研究所对湘西自治州保靖县保靖黄金茶种质资源进行调查和收集，共收集到种质资源 269 份。近年来，又陆续在炎陵、石门、古丈、新宁、永顺、城步、沅江、沅陵和武陵源等地开展种质资源收集工作。到目前为止，湖南省境内已收集茶树资源 1 555 份，主要包括了城步峒茶、江华苦茶、汝城白毛茶、云台山种、保靖黄金茶等地方群体和一些畸变型（如涟源奇曲、石门空心茶）。

四、湖南省其他作物种质资源普查与收集

（一）烟草种质资源普查与收集

烟草的起源至今仍是世界各国学者争论不休而尚无定论的话题。一般认为烟草最早原产于美洲，但在诸多起源学说中，也提出原产地为非洲、埃及、蒙古和中国等不同观点。我国的烟草种质资源考察搜集工作在新中国成立后开始，而且仅限于国内。搜集工作以中国农业科学院烟草研究所为中心，各产烟省（自治区）的烟草研究所为基点，共同协作进行，共收集、鉴定、评价、整理烟草品种资源3 000多份。由于历史原因，至1977年，全国烟草种质资源材料仅余1 277份。1979年6月国家科学技术委员会和农业部又发动了一次烟草的种质资源搜集和征集工作。这次补充征集得到了不少稀有的珍贵资源，如贵州福泉烟草研究所科学技术人员在边远山区搜集到了失传多年的晒烟良种打宾烟。中国已经拥有烤烟、晒烟、白肋烟、香料烟、雪茄烟、黄花烟等六大类及烟草野生种等种质资源，现已编目保存的烟草种质资源4 042份（1997年），是世界烟草种质资源收集、保存量最多的国家。烟草种质资源的遗传多样性包含了烟草属66个种中的37个种，一级库核心种质859份，二级库核心种质446份，按类型和种性分为：烤烟1 384份，晒烟2 020份，白肋烟124份，香料烟85份，雪茄烟53份，黄花烟341份，野生烟35份，为新品种选育工作提供了丰富的遗传材料。

湖南省的烟草种质资源收集与保护可追溯历史较早，但由于早些年受种质资源保存条件的限制，收集和保存的烟草种质资源过少，主要是湖南农业大学从事相关研究工作。

（二）蚕桑种质资源普查与收集

我国是蚕桑生产的发源地，桑树种质资源极其丰富，全国各地保存了桑种质资源3 000余份。通过对桑树种质资源的收集、整理、保存、鉴定，1990年中国农业科学院蚕业研究所建成了蚕桑学科研究领域中唯一的一个国家级种质资源圃——镇江桑树圃，目前保存桑种质资源1 806份，分属12个种、3个变种。湖南省蚕桑资源的收集利用工作主要由湖南省蚕桑科学研究所负责。湖南省蚕桑科学研究所于1982年4月至1986年10月先后4次对湖南省20个县(市)的75个乡，以及3个林区进行了实地考察，共收集到桑树种质资源材料95份。1987年在澧县

建立了湖南省桑树种质资源圃和湖南省桑树野生资源圃，保存桑树种质资源 128 份，其中地方品种 83 份、选育品种 35 份、国外引种 6 份、杂交组合 4 份，送交国家桑树种质资源镇江圃保存的桑种质资源 20 份，野生桑种质资源 15 份。

（三）绿肥种质资源普查与收集

我国地域广阔，气候差异大，土壤类型比较丰富，绿肥的地域性较强，因此，南北种植的绿肥品种资源存在很大差异，绿肥种类有豆科、十字花科、禾本科、菊科、苋科和其他科；绿肥属性有短期速生、一年生和多年生；有冬季绿肥与夏季绿肥；有稻田、水面和旱地绿肥。湖南省野生绿肥种类繁多，分布面广，主要的野生绿肥有胡枝子、马桑、烂泥巴、黄荆、芎草、蕨箕等。20 世纪 70 年代开始，经过 10 年研究，我国收集各类绿肥资源材料 498 份，经鉴定后有价值的有 209 份，并首次编目保存。湖南省土壤肥料研究所从国家绿肥种质资源库收集 250 多份绿肥种质资源，并对 203 份绿肥作物种子进行整理、提纯和复壮工作，主要包括紫云英 45 份、肥田萝卜 18 份、蚕豆 19 份、金花菜 22 份、田菁 60 份、箭筈豌豆 9 份、三叶草 16 份、小豆 7 份、泥豆 3 份等，收集地方野生或自生绿肥种质资源 20 余份。

（四）香料植物种质资源普查与收集

香料植物是指含有芳香成分或挥发性精油的植物。据不完全统计，目前我国有 700 多种香料植物，主要有樟科、番荔枝科、芸香科、唇形科、伞形科、百合科、桃金娘科、蔷薇科、木兰科、菊科及姜科等。从形态特征上，可分为秃灌木、藤本类、草本类三大类型，从食用习惯上，分为辛温型、麻辣型、浓香型、怪味型、滋补型等类型。香料作物资源在湖南种类较多，多为野生分布，目前，湖南省农业生物资源利用研究所利用药用植物基地收集保存了部分资源。

（五）药用植物种质资源普查与收集

湖南省药用植物资源有 279 科 1 154 属 3 078 种（包括栽培种和种以下等级），占中国药用植物总数的 27.3%，药材总蕴藏量超过 1 200 万吨，年产量超过 1.7 万吨，居全国前列。目前，湖南省农业生物资源利用研究所在湖南省农业科学院高桥基地收集保存了近 400 份药用植物资源。另外，湖南中医药大学、湖南农业大学等单位也收集保存了部分资源。新中国成立以后，共进行了四次全国规模的中药种质资源普查，其中前三次分别在 20 世纪 50 年代、70 年代和 1983—1987 年完成，确认我国有中药资源 12 807 种，其中药用植物 11 146 种（一说是

11 283 种)。第四次全国规模的中药种质资源普查于 2012 年开始试点进行，至今尚未结束，湖南省是试点省之一，技术牵头单位是湖南中医药大学中医研究院，有湖南省农业生物资源利用研究所、湖南师范大学、湖南农业大学、中南林业科技大学、吉首大学等多家单位共同参与。

第四节　湖南省农作物种质资源保存工作现状

一、初步建成了“一库五圃”

(一) 种质资源库

在湖南省农业科学院内目前已建有具备长期库（−18℃）、中期库（−4℃）及短期库配套的现代农作物种质资源保存库 1 座，总库容可保存种质 15 万份（图 2-10）。至 2015 年已低温保存来自全球 59 个国家（地区）、国内 30 个省（自治区、直辖市）的稻种资源 21 524 份（含重复），为省内相关单位保存玉米、油菜、花生等旱地作物资源近 1 200 份，辣椒等蔬菜资源 200 份，西瓜、甜瓜等瓜类资源 185 份，以及各类亲本中间材料万余份。

(二) 野生稻异位种茎核心圃

长沙野生稻异位种茎核心圃创建于 2004 年，在复份保存国家野生稻异地保护圃（广州）基础上，还针对性地收集保存了来自广东高州、广西来宾和武宣、江西东乡的普通野生稻种茎，共计 605 份，较好地提高了普通野生稻的保护效果和利用效率。(图 2-11)

(三) 果树种质资源圃

湖南省农业科学院园艺研究所果树种质资源圃始建于 2010 年，包括长沙县高桥镇和长沙市芙蓉区光头山两个基地共 600 余亩。目前已收集并保存果树资源 966 份，其中包括柑橘资源 550 余份，桃资源 72 余份，猕猴桃资源 160 余份，木通 100 多个品系，杨梅 14 份，枣 12 份，梨 28 份，蓝莓 30 份。该资源圃为全国乃至世界不同地区优良果树资源在湖南地区生长适应性观测和新品种选育提供了良好的条件。

图 2-10　湖南省农作物种质资源库

图 2-11　野生稻异位种茎核心圃

（四）茶树种质资源圃

湖南省农业科学院茶叶研究所茶树种质资源圃位于长沙县高桥镇，始建于 1986 年，目前资源圃面积由 10.2 亩发展到 30 余亩，共保存资源 1 555 份，其中国外4份、省外89份、本省1 462份，包括山茶科山茶属茶组植物的大厂茶、大理茶和茶等3个种及白毛茶和阿萨姆茶等2个变种，此外还有1份山茶属近缘植物（猪婆茶），包含黄金茶群体、江华苦茶群体、汝城白毛茶群体、峒茶群体、云台山大叶种、桂东大叶苦茶、茶陵苦茶等各种类型。目前，该资源圃是我国收集和保存茶树种质资源最多的茶树种质资源库之一，也是农业部湖南茶树及茶叶加工科学观测实验站、国家茶叶产业技术体系长沙综合试验站的重要组成部分。（图2-12）

（五）甘薯种质资源圃

湖南省农业科学院作物研究所配合国家甘薯产业技术体系长沙综合试验站、湖南省甘薯原原种扩繁基地建设等项目，建成甘薯育种繁殖基地80亩，配套建成了脱毒种薯繁育与原原种扩繁平台。目前资源圃收集保存了国内外甘薯资源620份，拥有优异初高级材料200多个，包括高淀粉甘薯、紫心薯、药用甘薯、水果甘薯等特用种质资源。（图2-13）

图2-12　茶树种质资源圃

图2-13　甘薯种质资源圃

（六）药用植物资源圃

湖南省农业科学院农业生物资源利用研究所药用植物资源圃位于湖南省长沙县高桥镇，面积近100亩，收集保存了湖南省大部分大宗道地中药材资源和部分珍稀资源，也引进了柬埔寨和中国湖北、广西等国内外部分资源；主要有百合、白术、玉竹、黄秋葵、薏苡、栀子、鱼腥草、丹皮、山药、显齿蛇葡萄、薄荷、麦冬、射干、金银花、白芷、白芍、板蓝根、桔梗、决明子、黄芩、栝蒌、重楼、八角莲、蛇足石杉、铁皮石斛等资源300余种。（图2-14）

图 2-14　药用植物资源圃

二、部分野生种质资源获原生境保护

（一）野生稻原生境保护

1982 年普查中，在湖南江永县和茶陵县境内发现普通野生稻，填补了湖南野生稻资源的空白。这些野生稻均属普通野生稻种，具有很强的耐寒性、对病虫的广谱抗性、优良的米质等特点。2003 年、2005 年湖南茶陵及江永的野生稻原生境分别被列为农业部野生稻原生境保护区。其中茶陵野生稻保护区位于茶陵县尧水乡，北纬 26° 50′，东经 113° 40′，四周山的海拔为 250 ~ 300 米，沼泽地海拔为 150 米左右。江永野生稻保护区地理位置为北纬 25° 05′，东经 111° 02′，海拔高度为 230 米。

（二）果树原生境保护

道县野生柑橘是柑橘亚属的一个自然野生种，具有生长势旺、抗病虫能力强、结果习性好等优良性状，是培育优良柑橘砧木品种的种质材料。永顺野生枳橙具有较强的耐寒性，用作砧木，可以有效增强椪柑、脐橙等柑橘属植物的抗寒性、适应性和抗根腐病、脚腐病的能力。目前，相关部门建立了道县野生柑橘、永顺野生枳橙和莽山野生柑橘保护区。其中道县野生柑橘保护区位于湖南省南部的永州市道县，海拔高度为 500 ~ 550 米。永顺野生枳橙保护区位于羊峰山下松柏镇兴棚村小茅塔组芦茅塘周围，海拔 1 156 米。莽山野生柑橘位于郴州市宜章县莽山国家森林保护区海拔 700 米左右的区域。

第五节　湖南省第三次农作物种质资源普查与收集任务

一、普查与收集重点资源

湖南省第三次农作物种质资源普查与收集主要收集六大类作物，以古老地方品种和野生近缘种为主。具体重点资源收集要求见表 2-6。

表 2-6　湖南省农作物种质资源普查与收集重点资源

作物类型	作物名称	普查与收集重点资源
粮食	稻	野生稻、传统（古老）的地方水（旱）稻品种、农户自留种子种植 15 年以上的选育品种、杂交稻组合亲本
	玉米	地方品种、野生品种
	小杂粮等	地方品种、野生品种
油料	油菜	地方品种
	大豆	野生大豆、普通大豆地方品种
	花生	地方品种
	芝麻	地方品种
蔬菜	茄果类	辣椒、番茄、茄子等的野生种、地方品种，农户自留种子种植 15 年以上的选育品种
	瓜类	黄瓜、丝瓜、苦瓜、冬瓜、南瓜、瓠瓜、佛手瓜、蛇瓜等的野生种、观赏类、地方品种，农户自留种子种植 15 年以上的选育品种
	白菜类	大白菜、红菜薹、白菜薹、普通小白菜和乌塔菜、叶用芥菜、茎用芥菜、薹用芥菜、芽用芥菜等的地方品种，农户自留种子种植 15 年以上的选育品种
	甘蓝类	结球甘蓝、球茎甘蓝（苤蓝）、花椰菜（菜花）、绿菜花、抱子甘蓝等的地方品种，农户自留种子种植 15 年以上的选育品种
	根菜类	萝卜、胡萝卜、根用芥菜、根甜菜等地方品种，农户自留种子种植 15 年以上的选育品种

续表 2-6

作物类型	作物名称	普查与收集重点资源
蔬菜	绿叶蔬菜类	菠菜、芹菜、莴笋、芫荽、茴香、茼蒿以及苋菜、蕹菜、冬寒菜、落葵等的地方品种，农户自留种子种植 15 年以上的选育品种
	葱蒜类	韭菜、大葱、大蒜、洋葱、韭葱、藠头、胡葱等的地方品种
	豆类	菜豆、豇豆、豌豆、蚕豆、毛豆、刀豆、扁豆、四棱豆等的地方品种
	薯芋类	马铃薯、山药、芋头、生姜、甘薯等的地方品种
	多年生蔬菜	黄花菜、石刁柏（芦笋）、百合、菊芋、草石蚕以及香椿、竹笋等的地方品种
	水生蔬菜类	莲藕、茭白、慈姑、荸荠、芡、菱、豆瓣菜（西洋菜）、水芹等的地方品种，野生种
	野生特色蔬菜	鸭脚板、苦菜公、芝麻菜、紫背天葵、黄秋葵、苦苣等
果树	柑橘类	椪柑、蜜橘、脐橙、甜橙、冰糖橙、酸橙、柚、金柑、枳等地方品种，野生种
	猕猴桃类	地方品种，野生种
	其他果树类	杨梅、葡萄、桃、梨、李、果梅、枇杷、枣、柿、核桃、栗类的地方品种，野生种
茶		大叶种和中小叶种地方品种，野生种
绿肥		紫云英（红花草子）、油菜、大豆、蚕豆、豌豆、绿豆、决明（假绿豆），黑麦草，肥田萝卜（满园花）、苕子，绿萍（红萍）、红苋菜，水葫芦（凤眼莲）、三叶草等

二、普查与收集区域分布

湖南省普查与征集的 80 个农业县（市、区）和系统调查与抢救性收集的 24 个农业县（市、区）区域分布图见图 2-15。从实际出发，湖南普查与征集县（附录五附件 1 和附件 2）原为 79 个县，增加至 80 个县。系统调查与抢救性收集的县由 23 个增至 24 个。2015 年由 7 个县调整为 8 个县，其中原来的 7 个县只保留了凤凰、石门、道县，新增城步、茶陵、炎陵、宜章和沅江。底色为红色的 24 个系统调查县中，其中武陵山及雪峰山区 9 个、湘东南罗霄山及南岭山脉 8 个、湘中丘陵区 4 个、洞庭湖区 3 个，山区县占 70.8%。

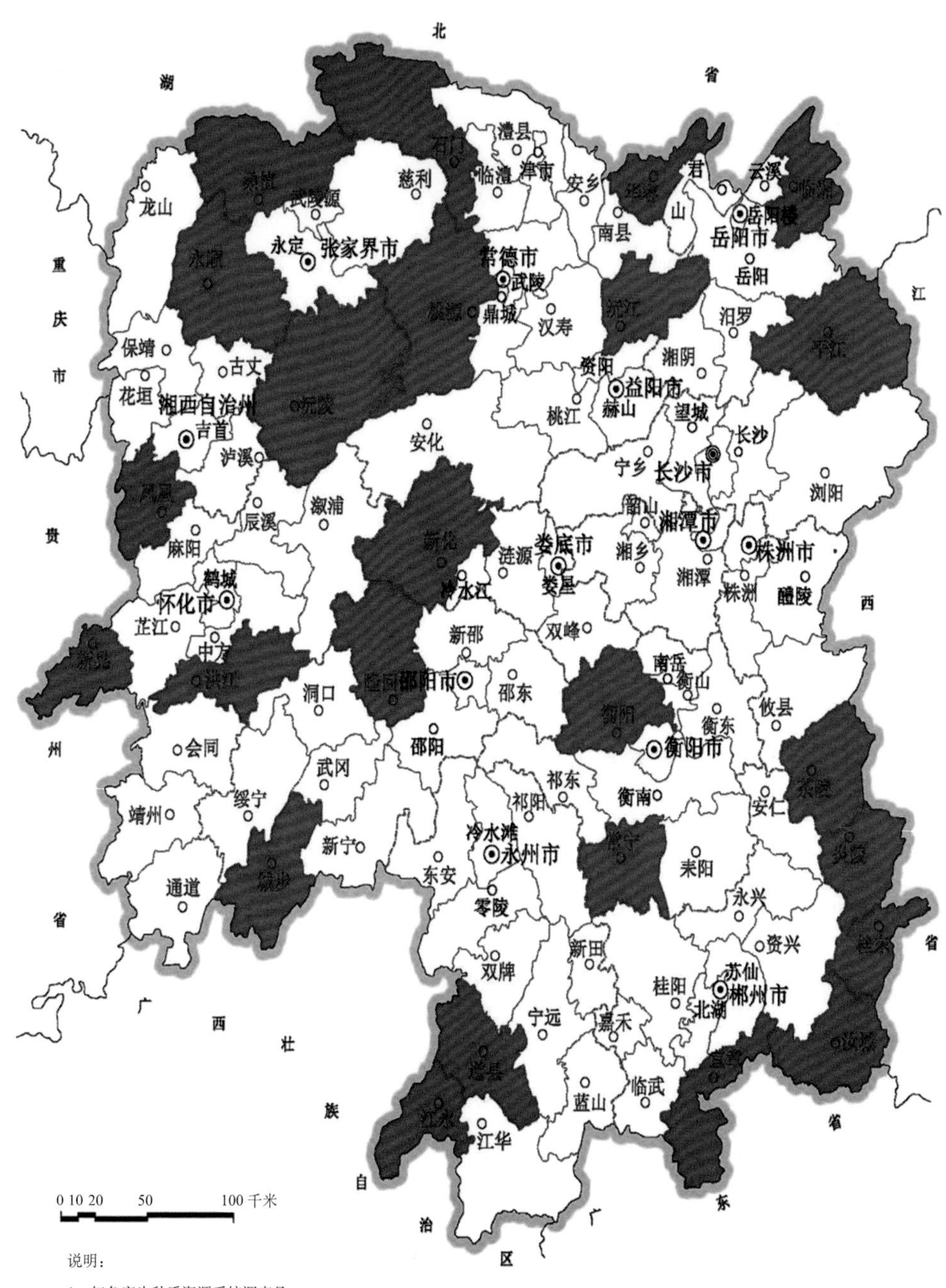

图 2-15　湖南省种质资源普查、调查县地理图

三、普查与收集的程序和方法

（一）80 个农业县（市、区）普查与征集程序

1．查阅资料，开展咨询

查阅与所在县有关的各种文献资料，包括博物馆、史料馆、图书馆、档案馆等馆藏的各类文献，特别注意对县志、历年统计资料的仔细阅读，了解历史上记载的各种著名的地方品种种类、分布、用途等。

通过咨询湖南省农业科学院等科研单位专家，全面了解所在县的地方品种资源，与市县农委环境保护站等单位联系，获得他们已经开展调查的作物资源信息。

2．走亲访友，了解实情

利用各种机会向同事和亲友讲述自己承担的普查任务，请他们利用下乡工作或其他聚会机会帮助了解当地著名的地方种质资源情况。特别是走访当地长期在农业部门或乡镇工作的老干部或专业技术人员，包括一些村干部、药农、老中医等，特别是 20 世纪 50—80 年代在农村工作的老人，登门拜访并请他们讲述曾经听到或看到的地方品种资源。

3．综合整理，确定重点

将普查期间从各方面获取的信息进行整理，确定具有重要影响力和著名的地方品种资源种类、分布地点等。

4．实地考察，核准信息

对一些自己认为重要的地方品种，到实地进行调查，核实信息的准确性。通过实地核实，按门、纲、目、科、属、种确定其分类地位；同时，用 GPS 确定其地理位置信息和分布面积，记载资源特征、性状等相关信息。对居群内生态环境、土壤类型、目标物种的典型形态特征、伴生物种等拍摄照片，按要求统一编号。

将整理好的有关地方品种信息及时向省种子管理机构汇报，省种子管理机构对认为可能属于优异地方品种的，与湖南省农业科学院沟通，并派专家前往具体分布地点进行系统调查。

普查结果上报湖南省农业科学院，配合湖南省农业科学院开展系统调查。湖南省农业科学院在调查作物野生近缘植物的基础上，对有保护价值的居群，应提出原生境保护建议。调查单位应将各居群的信息向县级农业主管部门汇报，由他们

决定是否申请原生境保护项目。

（二）24 个县系统调查与抢救性收集程序

1．组织队伍，加强培训

由主持单位组织培训，请省内从事农作物种质资源研究管理工作者做专场讲座交流。

2．查阅资料，咨询专家

查阅与调查县有关的各种文献资料，包括博物馆、史料馆、图书馆、档案馆等馆藏的各类文献，特别注意对单位有关作物资源普查收集的总结、成果申报的档案资源，国家、省种质资源数据库、历年统计资料的仔细阅读，了解历史上记载的各种著名的地方品种、野生种或作物野生近缘植物的种类、分布、用途等。召集参加过全国第一、二次农作物种质资源普查工作的老专家座谈交流，向他们学习经验，了解过去种质资源调查相关情况。

3．认真对接，落实到县

调查县种子管理部门组织各乡镇农技人员在当地开展资源摸底，获得当地地方品种、野生种或作物野生近缘植物的基本情况。

4．确定目标，实地调查

调查队根据调查县的资源摸底情况，确定调查乡、村、组及调查路线，找好向导（熟悉本地农作物、本村地形地貌、山间小路，方位感强且身强体壮、容易沟通的村民或农技人员）。在当地县种子管理部门的配合下开展系统调查与收集工作。同时适时邀请国家资源圃（库）相关专家来湖南省参与系统调查。

5．完备条件，注意安全

带足用品 [照相机、GPS 仪、望远镜、手机、指南针、电池、地图、矿泉水、食品、药品（蛇药、止血药等）、雨具] 和采集工具 [锄头、砍刀、枝剪、小铁铲、钢卷尺、采集箱或塑料袋、放大镜、标签（号牌）、原始记录卡、纱网袋、铅笔、橡皮、小刀等]。预计无法当天返回时，还需携带旅行包（蜡烛、手电筒、帐篷、睡袋、火种等）。

在调查过程中要注意安全，防止蛇虫叮咬、野生动物袭击、跌打损伤、迷路等；在森林地区考察，严格执行护林防火法令；尊重当地民族风俗习惯；不要乱试尝野果；依靠但不依赖向导；团队成员之间相互照应，严禁单独进山。

第六节 2015 年湖南省第三次农作物种质资源普查与收集工作经验总结

种质资源普查与收集是一项涉及多学科、多领域的综合性研究工作，需要动员专业人员、相关农业管理部门和社会力量，争取各方面支持才能顺利完成。湖南省高度重视此项工作，由省农委、省发改委、省科技厅、省财政厅、省农科院联合发布《关于印发〈湖南省第三次农作物种质资源普查、收集与创制行动方案〉的通知》 湘农联〔2015〕181 号文件。按照文件要求，管理和执行部门分工合作，细化工作措施，规范操作流程，发动社会力量，注重工作实效，2015 年普查与收集工作取得了显著成效。

一、湖南省农业委员会关于农作物种质资源普查与征集的主要做法

（一）工作举措

1．加强组织领导

湖南省政府对种质资源工作高度重视，批示由省农委牵头，建立了省农委、省发改委、省科技厅、省财政厅、省农科院等五委厅院联席会议制度，省农委刘宗林主任担任召集人，其他成员单位有关负责同志为联席会议成员，联席会议办公室设省农委，省农委种子管理处许靖波处长兼任办公室主任。五委厅院联合制订了《湖南省第三次农作物种质资源普查、收集与创制行动方案》，在全省各农业县全面部署普查收集工作，计划收集野生种质资源 1 500 ～ 2 000 份，第一批在 79 个县、第二批在 26 个县实施。在普查与收集的基础上，选择 24 个县系统调查和抢救性收集野生种质资源 500 ～ 700 份，第一批在 8 个县、第二批在 16 个县实施。各项目县都成立了相应的组织机构，如常宁市成立了领导小组，下设专业组和资料组，由种子、粮油、经作、蔬菜等专业的 20 名技术专家组成；蓝山县的领导小组下设技术服务组、样品征集组、信息服务保障组等 3 个工作小组；绥宁县的领导小组下设 5 个野外普查征集组、1 个内勤组等 6 个工作小组。

2．广泛动员部署

种质资源普查收集是一项庞大的系统工程，需要动员多方力量、争取各方支持才能顺利完成。2015 年 8 月 26 日，在长沙召开全省各项目县负责人动员大会，中国工程院刘旭院士、农业部种子管理局张延秋局长、中国农业科学院专家亲临指导，省农委副巡视员王宇作重要讲话并提出 6 点具体要求：一要提高思想认识，二要加强组织领导，三要制定实施方案，四要明确工作任务，五要保障工作经费，六要充实工作人员。自此正式启动湖南省的种质资源普查收集工作。各项目县根据会议要求，精心制定了各地的普查收集行动方案，相继召开了相关负责人和工作人员参加的动员会，对辖区的普查收集工作进行了全面动员部署。如安乡县分别召开了农业系统离退休技术干部座谈会、农业系统在职技术干部座谈会、乡（镇）村组干部及农民代表座谈会等会议，印发宣传资料 800 余份；澧县农业局分别召开党委会、班子成员会、工作启动会、技术培训会等会议，专题研究部署普查收集工作；汨罗市邀请《汨罗周刊》、市电视台等媒体进行跟踪报道，发动基层群众提供名、特、优种质资源信息和样本。

3．建立运行机制

各部门的工作职责及分工明确，省农委牵头负责组织全省农业县的普查收集工作，举办普查收集技术培训，建立省级种质资源普查收集数据库；省农科院负责组织在全省种质资源丰富的县市区开展系统调查和抢救性收集，负责接收、整理、保存收集的种质资源样本；各项目县负责组织辖区内种质资源的普查、收集等相关工作。在实际工作中，各地结合实际建立了灵活的工作机制，如道县设立 3 个工作小组，每个小组确定一名局领导负责，其中资料整理组负责普查表格填写、资料信息录入、样本整理保管等工作，后勤保障组负责交通工具安排、物品采购等工作，野外征集组负责资源普查与征集工作，野外征集组又分成 10 个队，每个队由一名局领导带 5 名技术人员，将全县按乡镇（街道）划分成 10 片，每队负责一个片的普查征集工作；洪江市建立了“乡镇为主、农民参与、工作组实施”的工作机制，对提供线索的农技人员、村干部、农民，按每份资源 300 元的标准给予奖励，对表现突出的基层工作人员按每人 1 000 元的标准给予奖励，充分调动各方面的积极性；祁东县建立了县统计局、县国土资源局、县教育局、县志办等相关部门联动和农业局各股室内部联动机制，将每周一确定为普查收集工作调度例会时间，相互交流情况，研究部署工作。

4．保障工作经费

在国家为各项目县拨付的专项经费基础上，省财政对纳入普查收集范围的县安排了一定的经费，主要支持种质资源保护保存、鉴定评价和新种质创新，并要求相关县市区安排适当的经费保障普查收集工作顺利开展。大部分项目县根据普查收集的工作需要，配套安排了专门的工作经费，保障了普查收集工作所需的费用支出。如隆回县财政安排的专项工作经费达 40 万元；涟源、慈利、衡山等县市财政安排专项经费 10 万元以上。

5．组织技术培训

省农委于 2015 年 8 月会同中国农科院举办了第一期技术培训班，11 月会同省农科院举办了第二期技术培训班，聘请种质资源专家系统讲解了普查收集的关键技术、常见问题及注意事项。每个项目县多形式、分阶段组织了多次专题技术培训，帮助普查收集人员尽量系统地掌握普查、收集、识别、保存等操作技术。如古丈县组织种子管理站、粮油站、经作站、农环站等相关站股业务骨干进行了为期 3 天的集中学习培训；临澧县组织了 2 次大规模的集中业务培训，共培训 100 多人；武冈市对各乡镇农技站长及相关人员统一开展了 2 次业务培训和 3 次野外现场培训，共培训 150 余人次。

6．强化后勤保障

为确保种质资源普查收集顺利推进，各项目县采取有效措施强化后勤保障工作。如桂东县集中采购了各小组所需的野外资源收集工具，每个小组还配备 3 台车辆以保障普查征集工作用车；桂阳县指定科技下乡直通车作为普查收集工作专用车；宁远县农业局党组进行专题研究，要求局办公室全力做好普查收集行动工作用车、培训食宿等后勤服务，计财科负责经费保障并购置普查收集设备；桃江县在为期两个多月的工作中，共派出车辆 50 多台次，出动普查收集人员 180 多人次。

7．加强调度检查

2015 年 11 月省农委召集项目县的负责同志召开调度会，听取了各县的进展情况汇报，剖析了工作中存在的主要问题，提出了后阶段的工作要求。与此同时，先后派出 2 个督查组，对部分项目县的工作情况进行了督促检查。省农委将普查收集工作完成情况作为绩效考核的重要内容，各项目县也建立了相应的督查机制，定期与不定期相结合进行工作检查。如中方县农业局派出 4 个工作组对全县 22 个乡镇执行进度和完成情况进行专项督导，对个别思想认识不深的乡镇工作人员进行了谈话教育。

（二）普查与征集工作成效

1. 收集到一批普查数据

各项目县已基本摸清了辖区内种质资源的家底，分别以 1956 年、1981 年、2014 年三个时间作为节点，按照规定格式认真填写并及时提交了《第三次全国农作物种质资源普查与收集普查表》，从各地的填表情况看，除部分数据确因年代久远无法填写完整外，所填写的数据基本完整、准确，总体上完成了 90% 以上的数据填报任务。

2. 征集到一批种质资源

各项目县认真开展收集工作，将广泛收集到的种质资源按要求填写种质资源征集表，整理资源照片，编制汇总资源目录清单、样品交接清单等，第一时间将种质资源样本按规范整理后送交省农科院。至 2015 年底，各项目县征集到从 10 余份至 100 余份不等的地方或野生种质资源，全省共征集到种质资源 2 281 份，超过了 1 500 ~ 2 000 份的计划任务，其中 1 722 份资源已将样品送交省农科院，资源类型涉及水稻、小麦、玉米、大豆、薯类、小杂粮、蔬菜、油料、果树、茶树、纤维、烟草、糖、绿肥、瓜类等。这些种质资源由省种质资源库统一接样后，及时进行了分类保存或移交繁种利用者入果树圃、茶树圃、薯类圃等。

3. 涌现出一批先进典型

在 79 个项目县中，其中 56 个县收集的种质资源数量超过了 20 份的计划任务，占项目县总数的 70%。在普查征集过程中，涌现出一批先进典型及感人事迹，如沅陵县征集到各类种质资源 192 份，成为目前湖南省征集资源数量最多的县；永定区在方案中属于第二批项目县，该区积极主动将工作提前，与第一批项目县同步启动了普查收集工作；澧县农科站长彭泽学同志为采集野生油柿子样本，穿过 13 千米长的荆棘路，深入海拔 1 000 多米高深山林，赤脚爬树剪取枝条样本，手脚均被划伤却毫无怨言；辰溪县农民技术员刘仁佩 20 年坚持区域隔离、株选繁殖，使得闽晚糯资源的优良种性得以持续保持；临澧县已退休的原农业局党委书记朱良枝同志从担任专家组长那一天起，全身心投入普查征集工作，不论天晴下雨都和同志们一道上高山、进农户、住农家，一干就是一个多月，突发重感冒仍坚守岗位，直至普查收集工作结束才去医院治疗；种子管理处的全体同志每到一县都把种质资源普查收集工作与其他工作同检查、同指导，督促抓紧落实。

（三）普查工作经验分享

1．总体技术培训和实地专题培训相结合

由于普查人员大部分为首次参与种质资源收集工作，通过总体技术培训与请专家当地专题培训，较好地掌握了照相、资源挖掘、采摘、保存等技术问题。

2．资源寄送必须及时，认真做好保存等工作

收集的种质资源特别是需要嫁接和保湿的必须及时处理并尽快寄出，以防止因寄送时间的耽搁而造成种质资源后期无法成活的问题。

二、湖南省农业科学院关于农作物种质资源调查与收集的主要做法

（一）工作举措

1．成立领导小组，加强组织领导

湖南省农业科学院对种质资源工作高度重视，成立了由副院长余应弘为组长的农作物种质领导小组，负责全局统筹，院科技处负责组织协调。

2．组建专业队伍，确保工作质量

在湖南省农业科学院 8 个研究所遴选出 21 名专业技术人员组成了 3 个资源调查小组，负责承担的 24 个调查县的资源调查工作。同时，成立综合管理平台，由科技处负责项目的组织协调；组建资源保存、分发平台，由种质资源库负责全省上交资源的接收、登记、临时保存、转移等工作。

3．围绕区域特色，精选调查县市

根据湖南地理、气候环境和农业区域特色以及民族风俗特点，明确了三个基本原则，筛选出 24 个种质资源调查县。三个原则分别为：一是交通不便、地

形复杂、自给自足为主的地方。这些地方的耕种相对传统，农民有自己留种的习惯，不容易接受外来种。二是有代表性的不同生态气候条件的地方。如不同海拔高度的山区、丘陵等。三是不同民族居住地。不同的少数民族有不同的风土人情，保留的种质资源也会不同。这 24 个调查县的分布为：武陵山及雪峰山区 9 个、湘东南罗霄山及南岭山区 8 个、湘中丘陵区 4 个、洞庭湖区 3 个，山区县占 70.8%。2015 年系统调查的 8 个县中山区县 7 个、湖区 1 个，山区县占 87.5%。

4．制定实施方案，明确年度任务

调查组通过老专家座谈会、查询县志和农业区划材料，多途径了解当地的历史沿革、农业发展状况及物种变迁状况，制订了农作物种质资源调查与收集工作实施方案，对 2015 年 8 个调查县的系统调查和收集工作进行了明确和分工细化。

5．明确工作程序，规范工作流程

为了理顺种质资源采集、移交、保存等环节，制定了种质资源接收和保存流程。80 个普查县和 3 个调查组收集的种质资源先进行科学的预处理，通过邮寄或当面移交的方式交至湖南省农业科学院种质资源库。种质资源库对资源进行进一步的分选、分类、临时保存或移交给负责资源繁殖、鉴定的相关研究所。

6．加强业务培训，提高工作效率

为提高种质资源调查与收集工作效率及工作质量，组织多次专题技术培训和经验小结交流会，帮助调查队员系统掌握调查、收集、识别、保存等操作技术。2015 年 8 月，会同省农委举办了第一期技术培训班，就农作物种质资源普查与征集的技术规程、数据采集与录入方法、项目管理办法等进行系统培训。10 月 13 日，组织第二期技术培训，分别就水稻、蔬菜、果树、旱粮作物等种质资源的辨别、分类、采集及保存的注意事项进行培训。11 月 6 日，会同省农委举办了第三期技术培训班，聘请种质资源专家对种质资源征集表的填写、标签填写，规范照相以及种质资源材料收集、交接、预处理、保存的规范进行培训。10 月 30 日和 12 月 10 日，又分别召开工作经验交流会和 2015 年度小结交流会，就调查过程中遇到的问题和总结出的好方法、好做法等进行交流分享。（图 2-16，图 2-17）

图 2-16　启动暨培训会

图 2-17　推进交流会

7．规范资金管理，统一后勤保障

结合普查与收集项目的特殊性，参照中国农业科学院该项目资金使用规定，制定了湖南省农业科学院专项经费使用办法，专项经费的支出由专项主持人负责，调查资金 3 年统筹安排，按计划使用。并根据工作任务的需要，本着节约与高效利用的原则，对工作设备进行“统一采购、统一配备、统一报账”，为各调查队统一添置了手提电脑、单反数码照相机、手持式 GPS、移动硬盘、录音笔等设备，以及户外装备、医药箱、背景布、纱网袋、牛皮纸袋、吊牌等装备材料，方便各个调查组开展调查工作。

（二）2015 年农作物种质资源调查与收集工作成效

1．按计划完成 2015 年度 8 个调查县的种质资源系统调查收集工作

截至 2015 年 12 月 31 日，湖南省农业科学院已完成对凤凰、城步、石门、茶陵、炎陵、宜章、道县、沅江共 8 个县（区、市）的系统调查收集工作，共调查收集种质资源材料 686 份（表 2-7），包括粮食与油料作物 252 份、蔬菜作物 248 份、果树与茶叶作物 148 份、其他作物 38 份。另有 9 份未采样的种质资源进行了信息登记和 GPS 定位，并安排当地农技人员进行后期的保护与取样。收集到的农作物种质资源上交湖南省作物种质资源库后根据保存和繁殖要求分发到相关研究所。

表 2-7　2015 年湖南省种质资源调查县资源收集情况

调查县	所属市	调查乡镇	调查资源	收集资源
凤凰	湘西自治州	阿拉营镇、廖家桥、新场乡、两林乡、茨岩乡、三拱桥乡、米良乡的 16 个村	61	60*
城步苗族自治县	邵阳	长安营、汀坪、茅坪、南山、儒林 5 个乡镇 13 个村	118	118
石门	常德	雁池乡、东山峰管理区、壶瓶山镇的 16 个村	140	134*
茶陵	株洲	湖口镇、严塘镇、高陇镇、浣溪镇的 8 个村	79	79
炎陵	株洲	龙溪乡、十都镇、策源乡、船形乡、东风乡、霞阳镇、三河镇的 13 个村	64	64
宜章	郴州	长村乡、莽山乡、白沙圩乡、五岭乡 4 个乡镇	74	74
道县	永州	清塘镇、桥头镇、乐福堂乡、洪塘营乡的 9 个村	78	76*
沅江	益阳	共华、南嘴、三眼塘 3 个乡镇	81	81
合计			695	686*

* 标注的是 9 份未采样的种质资源，这些资源已进行了信息登记和 GPS 定位，并安排当地农技人员进行后期的保护与取样。

2．接收并分发保存了 2015 年普查和收集的全部资源

截至 2015 年 12 月 31 日，湖南省农作物种质资源库共接收到农作物种质资源 2 408 份。其中 8 个调查县（区、市）共收集资源 686 份，68 个普查县（区、市）共征集资源 1 722 份。其中：水稻 158 份、小麦 8 份、玉米 79 份、大豆 292 份、

薯类 114 份、小杂粮 228 份、油料 93 份、蔬菜 744 份、果树 562 份、茶叶 53 份、纤维类 8 份、烟叶 14 份、糖 1 份、绿肥 2 份、瓜类 8 份、其他 44 份。所收集的种质资源均已分发保存到各相关科研院所：湖南省农科院园艺研究所保存 572 份，蔬菜研究所 532 份，茶叶研究所 53 份，作物研究所 271 份，生物资源研究所 27 份，西瓜甜瓜研究所 8 份，湖南省农作物种质资源库 931 份，中国农科院烟草研究所 14 份。

3. 系统调查并收集了一批珍稀资源

（1）宜章云化白（编号：2015433221） 地方糯稻资源。因其糯性好而深受长村乡华石村村民喜爱，几乎家家户户种植，面积达 80 亩左右。

（2）沅江游水糯（编号：2015433164）（图 2-18） 地方糯稻资源。具有随水位升高而长高和耐淹的特性，与已报道的深水稻生长特性类似，是十分难得的具有研究价值的水稻资源。

（3）䅟子（编号：2015431148） 旱粮作物资源。䅟子是一种旱地粗粮，可制作成湖南的特色小吃䅟子粑粑。纯䅟子粉的口感很粗，人们在制作䅟子粑粑的时候，一般会掺入少量糯米，䅟子粑粑味道极香，此外也可以与鸡鸭等肉食一起蒸做䅟子粑粑蒸年鸡等特色美食。䅟子为粗粮，可以有效改善肠胃，提高人体消化机能。

（4）壶瓶碎米荠（编号：2015432089） 野生蔬菜资源。为我国特有的十字花科植物，所在属为碎米荠属，主要分布在湖南壶瓶山一带和湖北恩施市附近地区，对硒有超富集能力，被称为植物中“聚硒之王”。该种质资源口味鲜美，营养丰富，将其推广栽培和深加工，可作为一种新型栽培植物进行产业开发，具有较高的应用前景。

（5）凤凰红线椒（编号：2015431027）（图 2-19） 蔬菜资源。自家留种了 60 年以上，品质好，辣味浓，耐干旱，坐果能力强，青椒浓绿色，果面微皱，老果红色、有光泽，适合鲜食、干制和加工剁辣椒。

（6）野生黄秋葵群落（编号：2015432042、2015432050）（图 2-20） 蔬菜资源。在壶瓶山自然保护区和厂江村附近山坡发现的 2 个野生黄秋葵群落，株高在 2 米左右，果实粗短，生长在风化乱石丛中。该资源的发现表明黄秋葵并不是近年来才传入中国的蔬菜资源，其俗称洋辣椒是不科学的。秋葵在中国自然生存，可追溯的历史年代有待进一步考证。此外该种质资源还具有较高的植物系统演化学研究价值。

（7）雁池红橘（编号：2015432017） 果树资源。收集于石门县雁池乡中军渡村，地方品种。其特点是：果实直径5厘米，橘皮橙红，表面光亮，橘皮香味浓郁，果肉品质较好，少籽，抗性较好。当地主要用于鲜食，果皮做陈皮和调料。

（8）蓝米核桃（编号：2015432045）（图2-21） 果树资源。石门县壶瓶山镇泥坪村调查发现，地方品种。其主要特点是新鲜核桃果仁包衣呈淡蓝色，果核3～5瓣，果实直径3～4厘米，果仁口味香甜，品质较好。

图2-18 沅江游水糯

图2-19 凤凰红线椒

图2-20 野生黄秋葵

图2-21 蓝米核桃

（9）药木瓜（编号：2015432025） 果树资源。石门县雁池乡琵琶洲村调查发现，野生品种。小乔木，茎上有刺，果实长卵圆形。当地人主要用其果实治疗腹泻。

（10）太阳村峒茶（编号：2015433109） 茶树资源。位于城步县汀坪乡太阳村。半乔木（在湖南较少），树型大，树龄长（50 年以上），内含成分丰富，做油茶滋味浓，提神效果好。

（11）坪山茶（编号：2015433042） 茶树资源。位于城步县南山镇坪山村三组，灌木型，高海拔，持嫩性强，属于高海拔抗寒性原茶。

（三）工作经验分享

1．灵活调动人员，提高调查效率

调查队由固定成员与流动成员共同组成，根据调查所在地资源特点选择相应专业技术人员及骨干，这样调查开展事半功倍。调查小组组长为固定人员，各组副组长和组员可由调查组组长按照需求调配。

2．优化调查队伍，增强团队实力

在遴选调查人员时，充分考虑其专业（专业要覆盖各类型作物）、工作经历、职称（每队组长优先选择研究员等高级职称，队长具有专业权威性，能更好地安排、协调工作）、年龄（队员的年龄要求相对年轻化，以 28 ～ 40 岁为佳）、身体状况（由于资源调查工作强度较大，对身体状况要求较高）以及野外工作经验等因素，不仅专业性强、知识面广，而且年富力强，经验丰富，具备种质资源调查工作所需要的各方面素质。

3．普查县和调查组协同开展，避免资源重复收集

对既是调查县又是普查县的农业县，在沟通协调的基础上，资源调查组与当地农业局普查队人员一同开展资源普查和收集工作，以避免资源重复性收集。

4．搭建交流平台，畅通信息交流途径

建立 QQ 群、微信群，有利于资源调查收集工作任务的高效安排、资源信息的分享及反馈，方便各普查县在进行工作遇到专业问题时能随时进行疑难咨询。

5．规范财务管理，加强后勤服务

主要是统一购置仪器设备和耗材，方便调查队工作的开展；规范管理调查队员的差旅费、交通费，做到专款专用；购置劳保用品、办理人身保险，解决调查队后顾之忧；临时聘请技术人员、当地向导和采集样本费用标准制定，便于财务的统一。

第三章　粮食、油料作物种质资源的普查与收集

第一节　湖南省粮食、油料作物资源创新与生产利用

一、水稻资源创新与生产利用

湖南水稻种质资源在促进全省稻作变革中屡次发挥重要作用。20 世纪 50 年代初，从收集保存的农家种质资源中筛选出红脚早、红米冬占、白米冬占、老黄占等品种，为湖南省稻作实现单季改双季提供了首批主栽品种，大大提高了粮食产量。

20 世纪 60 年代初，湖南省水稻研究所通过引进“矮脚南特”，选育出湖南省第一个矮秆早籼品种“南陆号”，随后又陆续选育出湘矮早系列品种，在省内外累计推广应用 1 000 多万公顷，实现了湖南水稻生产高秆改矮秆的重大技术变革。20 世纪 70 年代，袁隆平、李必湖等利用原产海南省的败育型野生稻选育出了三系不育系，并引进利用 IR24、IR26、IR36、密阳 46 等恢复系，成功实现了籼型杂交稻三系配套。同时，湖南省水稻研究所引进国际水稻所 IR 系统资源与其他国外资源,从中筛选鉴定出了一批优质、抗性资源并直接应用于生产。魏子生、李友荣等通过对万余份水稻品种的白叶枯病、细条病、稻瘟病、飞虱、叶蝉的抗性进行鉴定，筛选出大批抗源，育成 6 个抗白叶枯病兼抗稻瘟病、稻飞虱的多抗性品种，在南方稻区首次培育出抗两病两虫、优质、丰产晚籼新品种湘抗 32 选 5 和早籼新品种湘早籼 3 号。湖南省水稻研究所利用选育的多抗水稻种质资源湘早籼 3 号和 HA79-317-4 作为亲本材料育成了品种 27 个以上，并通过了省级和地市级以上审（认）定。据不完全统计，省内外利用这些品种作抗源又衍生 16 个多抗性品种。目前，这些多抗性品种在长江中下游稻区大面积推广，产生了良好的社会效益和经济效益。

20 世纪 80 年代，湖南省通过国际水稻资源遗传评价网络（INGER）引进国外水稻资源 5 000 份以上，其中 CAN6820、E179- F3-2-2-1-2、IR65907-111-1-B 等优质资源和 80-65、80-66 香源材料的引进，为湖南籼型优质稻育种处于国内领先水平起到了决定性作用。湖南省水稻研究所利用 INGER 优异材料育成湘早籼 3 号、湘早籼 15 号、湘晚籼 2 号、湘晚籼 11 号、爱华 5 号、湘晚籼 17 号、创香 5 号等 30 多个优质稻品种。据不完全统计，全国利用湖南省水稻研究所发掘的香稻资源 80-65 和 80-66 为亲本育出的通过省级和地市级以上审（认）定的品种超过 65 个，选育出了湘晚籼 5 号、中香 1 号、湘晚籼 13 号等一批香型特优长粒高产籼稻优良品种，通过产业化开发，创立了国际知名稻米品牌，大幅提升了我国优质稻米产业化开发水平和国内外市场竞争能力。

21 世纪以来，湖南省在精准、深入评价水稻资源，提高资源保护（存）效率和共享利用率方面做了不少工作，社会效益显著。湖南省水稻研究所多年多点精准鉴定 8 516 份资源，开展大田展示交流，累计向我国 17 个省（自治区、直辖市）83 家单位水稻育种、基础研究等课题组提供资源 23 000 余份（次）。“香稻骨干亲本的筛选利用与高档优质香稻研发”获得 2009 年国家科技进步二等奖，“湖南水稻优异种质发掘及遗传多样性保护研究与利用”获 2015 年度湖南省科技进步一等奖。

水稻是湖南省主要的粮食作物，种植面积和总产量长期稳居全国第一，稻谷产量占粮食总产的 87%。2014 年，湖南水稻播种面积达到 412 万公顷，总产量 2 634 万吨。其中，优质稻面积占稻谷面积的 65.2%，优质稻产量占稻谷产量的 65.6%。

二、油料作物资源创新与生产利用

湖南省第一、二次作物品种资源普查与收集工作，对本省油菜育种研究与生产利用发挥了巨大的效应，评选出的波利马细胞质不育系湘矮 A 及衍生出的一系列三系杂交种，如湘杂油系列、沣油系列至今仍是湖南省，甚至全国的主推品种；湖南农业大学利用评选出的 71-39 常规品种培育出的湘油系列一直是湖南省的主推双低常规油菜品种，对提升湖南省油菜品质水平起到了明显的推动作用。近年来，湖南省油菜相关科研单位进一步加强了油菜种质资源的创新利用力度。湖南农业大学刘忠松、官春云等（2007，2010，2015）利用芥菜型油菜与甘蓝型油菜种间杂交培育出矮秆、早熟、高油酸等一批具有育种需要性状的新种质，其中导入芥菜型油菜黄籽性状培育的甘蓝型油菜黄籽高油分新种质“黄矮早”，种子黄色，含油量稳定在50%左右，已经通过技术鉴定，有望应用于生产，推动油菜“颜色革命”。利用该种质选育的油菜新品种湘杂油518含油量达到48%，成为目前湖南省审定油菜品种中含油量最高的品种。陈社员、官春云等（2009）利用芥菜型油菜与甘蓝型油菜杂交选育的自交系742配组，利用化学杀雄技术选育出湘杂油6号，2009年该研究项目获得国家科技进步一等奖。通过诱变育种，创制了高油酸种质，高油酸菜油的营养价值可与橄榄油、茶油媲美。湖南省农业科学院利用种间杂交创制了特早熟、高油分、抗倒伏等系列双低杂交油菜品种——沣油系列，目前已是长江中下游油菜主产区的主推品种。

湖南省是重要的油料作物生产大省，近年来油料作物年播种面积已达142.47万公顷，总产量达233.77万吨。其中，油菜播种面积129.82万公顷，总产量达202.95万吨，花生播种面积11.45万公顷，总产量达29.2万吨。油菜不仅是湖南省第二大农作物，更是湖南省第一大油料作物，年播种面积占全国总面积的17%左右，位居全国第一。20世纪90年代早期由于双低品种湘杂油11、13、15号的大面积推广，使湖南成为全国优质油菜覆盖率最高的省份。近年来，湖南推出的湘杂油和沣油系列油菜品种，在兼具优质高产的基础上突出了早熟和适应机械化的特点。随着机械化生产技术的推广，目前湖南省油菜种植区域已由洞庭湖区等地的传统主产区扩展至娄底、衡阳等新兴区域。在国家政策支持和科技支撑下，湖南省油菜实现了高产优质和轻简高效生产技术的有机结合，提高了油菜生产的科技含量。

20世纪60年代，夏晓农、刘良生等对湖南省62个花生农家地方品种资源进行了分类、整理、评选鉴定和系选，初步肯定了湘潭小粒、宁乡小粒、三塘小粒、邵东中扯粒等地方花生良种在坡地的适应性。龙彭年、周教濂、吴芳英、夏晓农等利用山东伏花生与福建勾鼻花生杂交，育成适于湖南省红壤旱地栽培的高产、早熟、抗性强的直立型中籽品种芙蓉花生，比本地小籽花生增产46.2%～50.5%，此外，选育的湘花生1号、2号等，获湖南省科学大会奖。70年代以来，湘西自治州旱科所吴淑珍、零陵地区农科所张国政、邵阳县粮食局杨学文先后开展了花生杂交育种工作，并获得了一批杂交材料。21世纪以来，李林、刘登望等广泛征集国内外花生种质资源，并充分利用征集的资源，采用常规、辐射、药剂诱变和分子育种等多种手段相结合，每年配制杂交组合近 100 份，诱变材料 20 余份，新种质为新品种选育提供了丰富的后备资源，基本形成了“食用、油用搭配，大、中、小籽齐全的品种结构格局”。湘农小花生、湘花 618 等 11 个花生新品种通过国家级或省级鉴定登记。2013 年，由李林主持的“三个高产优质特色花生新品种”获得了湖南省科技进步三等奖。

三、旱粮作物资源创新与生产利用

湖南省进行了甘薯农家品种的征集、评选与鉴定工作，先后评出宁远 30 日早、鸡蛋黄等品种，其中宁远 30 日早为特早熟品种，被广泛选为育种亲本。湖南省农业科学院等育种单位先后选育出湘杂 9 号、湘郎薯、湘薯 6 号、湘薯 7 号等适宜湖南甘薯生态区种植的品种。通过配制强优杂交组合，创制了包括湘薯 75-55 等品系在内的一批具有高抗病特性的育种核心亲本，湘薯 75-55 等高抗薯瘟病的特性，有效弥补了我国南方甘薯薯瘟病抗性材料不足的问题。利用核心亲本杂交组合，进一步选育出鲜食用甘薯品种湘薯 15、湘薯 16、湘薯 17，菜用甘薯品种湘薯 18（湘菜薯 1 号）、湘菜薯 2 号，以及高淀粉甘薯品种湘薯 20 号等一大批优质专用型新品种，适应了湖南当前甘薯生产与发展的需求。湖南省作物研究所张超凡主持的“优质专用系列甘薯新品种选育与应用”获 2015 年湖南省科技进步二等奖。

湖南省先后从四川、湖北、江苏、浙江等地引进小麦资源达 600 余份，湖南省农业科学院于 1972 年引入 T 型小麦不育系，并开展不育系选育，获得 Y 型新不育系和保持系。于 20 世纪 90 年代从贵农 14 号中发现光温敏感型小麦，该不育系在一定的光温条件下不育性稳定，异交结实率高，可选配杂种优势较强的杂交组合，为运用两系法配制杂交小麦开拓了新途径，属于国内领先。

湖南省对玉米种质资源的开发利用时间较长。根据 20 世纪 50 年代初的两次调查，湖南省通过玉米品种的发掘、引进和推广，玉米品种由以硬粒型为主转变为以马齿型、半马齿型为主，促使湖南省玉米增产幅度达 25%～40.9%。湖南省农业科学院等单位先后育成了湘玉 1 号、湘玉 2 号、湘玉 3 号、湘玉 5 号等品种。

湖南省地方大豆中直接评选出的大豆品种有乌壳黄、南湾豆、岳阳牛毛红、临湘白花豆等。20 世纪 50 年代开始用系统选育的方法，先后育成湘豆 1 号、湘豆 2 号、湘豆 3 号、湘豆 4 号和怀春 79-16 等品种。20 世纪 60 年代中期开始用有性杂交的方法，先后育成湘春豆 5、10、11、12、13、14 号等，以及湘秋豆 1 号、湘秋豆 2 号等品种。

湖南省小杂粮作物研究起步较晚，研究相对集中在荞麦、薏苡、䅟子等常见小杂粮作物上，如湘西的甜荞、苦荞，娄底、邵阳的薏苡和䅟子等地方品种。随着近年来人们对小杂粮的需求逐年增长，育种家开始有意识地利用这些小杂粮地方良种进行品种改良和推广研究。

湖南旱粮作物种植分散，主要分布于田间地头、农户房前屋后的贫瘠旱土田块，管理粗放，产量低微。随着饲料工业、食品工业的快速发展，旱粮需求量呈增长的势头，特别是玉米和薯类作物近年来种植面积持续增加，截至 2014 年，湖南省旱粮年播种面积达 85.44 万公顷，产量达 367.3 万吨。其中，玉米面积 34.57 万公顷，产量达 188.6 万吨；豆类面积 17.02 万公顷，产量达 36.4 万吨；薯类面积 28.46 万公顷，产量达 125.1 万吨。湖南旱粮作物中的小杂粮种类繁多，种植分散，规模小，种植面积在 15 万公顷左右，其中以绿豆、蚕豆、荞麦等为主的多元多熟种植、间作套作栽培是湖南小杂粮的生产特点。

第二节　粮食、油料作物种质资源的分类及收集方法

一、谷类

谷类作物资源主要包括水稻、大麦、小麦、黑麦、玉米、高粱、粟米等禾本科作物。

水稻属禾本科（Gramineae）稻属（*Oryza*）。稻属包含 2 个栽培种（亚洲栽培稻和非洲栽培稻）以及 20～25 个野生种。中国是亚洲栽培稻种起源地之一，也是野生稻资源丰富的国家之一。

亚洲栽培稻是一年生栽培谷物，属须根系，不定根发达。稻茎呈圆筒形，秆直立，节间数一般有 10～20 个。穗为圆锥花序，自花授粉。湖南省有丰富的亚洲栽培稻种资源，包括古老的地方稻、常规稻、杂交稻等。湖南地方稻资源基本上是高秆（130 厘米以上），中等分蘖力，叶色绿色，叶片均有茸毛，剑叶长，

粳稻部分护颖有色，在湖南全省都有分布。

目前，我国已查明的野生稻有普通、药用和疣粒野生稻三种类型，湖南迄今为止仅发现了普通野生稻资源。湖南普通野生稻为多年生，大多具有强大的须根系，能宿根越冬。根据生长习性，茎分为匍匐、倾斜、半直立和直立四种类型，分蘖力强，高秆。粒形细长，第二次枝梗无或不发达，有 3～10 厘米硬质长芒，易落粒，结实率低，颖壳色为黑褐色，种皮色为虾肉色或红色。

水稻资源信息收集主要包括实物、影像和数据信息等的采集，应按照《种质资源征集表》（附录三附表 2）要求逐项填写。水稻资源的照片和信息采集包括水稻株高、株型、颖壳色、种皮色等，应特别注意向当地农户了解记录种子来源，自留种子种植年数，种植季节，抗病耐逆性，是否发生过水稻细菌性条斑病和稻水象甲等检疫性病虫害，种子和稻草的用途，稻米优异特性等重要信息。（图 3-1，图 3-2）

图 3-1　水稻（种子）

图 3-2　水稻（稻穗）

水稻种质资源收集时，每份资源收集稻谷 2 500～20 000 粒（60～500 克），以当年收获的稻谷为佳，陈年稻谷收集的样品量要尽可能达到每份 5 000 粒以上，以保证足够的发芽数。收集后当日要做干燥处理，用尼龙网袋或牛皮纸袋装好种子挂好标签，尽快寄送到湖南省农作物种质资源库。在收集种质资源时，如果发现疑似野生稻资源，可以先用 GPS 定位，然后给植株和种子拍照，将照片发送给湖南省水稻研究所的专家进行识别，专家到野生稻生长的现场确认是野生稻资源后再进行取样。取样时，以居群为单位，一个居群采集的样本为一份种质资源

（相当于一个品种），一般一个居群取种茎 20～30 株。

大麦（拉丁学名：*Hordeum vulgare* L.），又名牟麦、饭麦、赤膊麦，为禾本科大麦属一年生草本植物。多在我国北方各地种植，湖南地区有零散分布。秆粗壮，光滑无毛，直立，高 50～100 厘米。叶鞘松弛抱茎，多无毛或基部具柔毛，两侧有两披针形叶耳，叶舌膜质，长 1～2 毫米；叶片长 9～20 厘米，宽 7～20 毫米，扁平。穗状花序长 3～8 厘米（芒除外），径粗约 1.5 厘米，小穗稠密，每节着生三枚发育的小穗，小穗均无柄，长 1～1.5 厘米（芒除外），颖线状披针形，外被短柔毛，先端常延伸为 8～14 毫米的芒，外稃具 5 脉，先端延伸成芒，芒长 8～15 厘米，边棱具细刺，内稃与外稃几等长。颖果熟时黏着于稃内，不脱出。花期 3～4 月，果期 4～5 月，6 月份成熟。（图 3-3）

小麦（拉丁学名：*Triticum aestivum* L.），又名麸麦、浮麦、浮小麦、空空麦，为禾本科小麦属植物的统称，一年生草本植物。主要种植于我国华北平原等北方地区，湖南省有零散分布，可作青饲料。须根系，茎节坚硬而充实，多数品种节间中空，茎基部节间短而坚韧，从下而上逐节加长，最上部 1 个节间最长。叶鞘无毛，叶舌膜质，短小，叶片平展，条状披针形。穗状花序圆柱形，直立，穗轴每节着生 1 枚小穗。小穗长约 10 ～ 15 毫米，侧面向穗轴，无柄，颖卵形，近革质，中部具脊，顶端延伸成短尖头或芒，外稃扁圆形，顶端无芒或具芒，内稃与外稃近等长，具 2 脊。颖果卵圆形或矩圆形，顶端具短毛，腹具纵沟，易与稃片分离。花果期 7～9 月。冬小麦一般 9 月至 10 月初播种，翌年 6 月下旬至 7 月上旬成熟。（图 3-4）

图 3-3　大麦

（中国农科院　高爱农　摄）

图 3-4　小麦

（中国农科院　高爱农　摄）

黑麦（拉丁学名：*Secale cereal* L.），又名元麦、裸大麦、莜麦，为禾本科黑麦属一年生草本植物。起源于西南亚地区，现广泛种植于各国。秆直立，株高0.7～1.5米。叶片线形扁平，叶鞘无毛，叶舌近膜质，长约1毫米，叶片扁平。穗状花序顶生，紧密，小穗长约15毫米，含2～3小花，颖片狭窄呈锥状，具1脉；外稃粗糙具脊。颖果狭长圆形，淡褐色，腹面具纵沟，成熟后与内、外稃分离。5月上旬孕穗，6月下旬种子成熟。

麦类资源的信息采集需要记录麦子的穗长、每穗籽粒数、籽粒颜色、籽粒性状等，青饲料等用途需额外标注。资源收集对象为自留30年以上的种子或近缘野生种，收集方法参考水稻种子收集，以干燥后的完整种子为宜，不收集脱壳的籽粒，收集重量为500克以上，陈年种子宜更多。

玉米（拉丁学名：*Zea mays* L.），又名玉蜀黍、棒子、包谷、包米、包粟、玉茭、苞米、珍珠米、苞芦、大芦粟、幼米仁、粟米、番麦，为禾本科玉米属一年生草本植物。起源于美洲。玉米的根为须根系，除胚根外，还从茎节上长出节根，从地下部分长出的统称为地下节根，一般4～7层，从地上部分长出的节根称为支持根、气生根，一般2～3层。株高1～4.5米，秆呈圆筒形。叶身宽而长，叶缘常呈波浪形。花为单性，雌雄同株，雄花生于植株的顶端，为圆锥花序，雌花生于植株中部的叶腋内，为肉穗花序。玉米在湖南全省都有分布，一般春季3～4月播种，秋天7～8月收获。（图3-5）

高粱[拉丁学名：*Sorghum bicolor* (L.) Moench]，又名蜀黍、芦粟、桃粟，为禾本科高粱属一年生草本植物。原产非洲，中国栽培较广，以北方种植为主，湖南地区有零散种植。茎秆较粗壮，直立，高3～5米，基部节上具支撑根。叶鞘无毛或稍有白粉，叶舌硬膜质，先端圆，边缘有纤毛，叶片线形至线状披针形，先端渐尖，基部圆或微呈耳形，表面暗绿色，背面淡绿色或有白粉，两面无毛。圆锥花序疏松，每一总状花序具3～6节，节间粗糙或稍扁。颖果两面平凸，长3.5～4毫米，淡红色至红棕色。湖南地区多在10月以后，能收集到成熟的高粱种子。（图3-6）

粟米（拉丁学名：*Setaria italica* L.），又名小米、稞子、黏米、白粱粟、籼粟、硬粟，为禾本科狗尾草属一年生草本植物。原产中国，在我国北方广为栽培，南方有零散栽种。须根粗大，秆直立，叶鞘松裹茎秆，密具疣毛或无毛，边缘密具纤毛。叶片长披针形或线状披针形，先端尖，基部钝圆，上面粗糙，下面稍光滑。

圆锥花序呈圆柱状或近纺锤状，通常下垂，基部多少有间断，花柱基部分离。粟米有早、中、迟熟品种，早熟品种的生育期 60～100 天，中熟品种 101～120 天，迟熟品种 121 天以上。一般春播选用迟熟品种，夏播选用中熟品种，秋播选用早熟品种，多为 9～10 月收获。

图 3-5 玉米

图 3-6 高粱

玉米等资源信息采集包括株高、株型、穗长、雄穗分枝数和长度、籽粒颜色等相关资料，需向当地农户了解和记录种植历史及种植习惯。种质资源收集以籽粒为主，要求收集来源于不同植株的种子籽粒 100 克以上，其中玉米种子 500 克以上。此类资源常有未脱粒的完整穗子可供收集，收集穗子时，应采收 3 个以上不同植株的穗子。收集的资源需要干燥处理，用网袋或牛皮纸袋装，填好标签后尽快送种质资源库。陈年种子的收集数目应高于原标准，以确保发芽数足够。如发现籽粒中有虫害需要及时送资源库处理，或者联系翌年收集新种子。

二、豆类

栽培大豆 [拉丁学名：*Glycine max* (Linn.) Merr.]，俗称黄豆，新鲜连荚的大豆果实也称毛豆，为豆科大豆属一年生草本植物。起源于中国。植株高 30～90 厘米。茎直立，区别于野生大豆，有褐色硬绒毛。复叶 3 小叶，有黄色绒毛。花蝶形，多种颜色。果荚绿色，有绒毛，成熟后褐色，能自然开裂。内含种子 2～5 颗，椭圆形、近球形，种皮光滑，有淡绿、黄、褐和黑等颜色。根据大豆的种子种皮颜色和粒形分为黄大豆、青大豆、黑大豆、其他大豆。花期 6～7 月，果期 7～9 月。一般春大豆 3～4 月开始播种，夏大豆 5～6 月播种，7～8 月收获。(图 3-7)

野大豆（拉丁学名：*Glycine soja* Sieb. et Zucc），又名豆劳豆、乌豆、野黄豆等，为豆科大豆属一年生草本植物。起源于中国。国家第一批重点保护野生植物，二级保护植物，我国大部分地区有分布。主根细长，可达 20 厘米以上，侧根稀疏。蔓茎纤细。叶互生，复叶 3 小叶，被浅黄色硬毛。花蝶形，淡红紫色，腋生总状花序，花萼钟状，5 裂，旗瓣近圆形，雄蕊常为 10 枚，单体，子房上位，1 室。荚果线状长椭圆形，略弯曲，内含种子 2 ~ 4 粒。花期 5 ~ 6 月，果期 9 ~ 10 月。（图 3-8）

图 3-7　大豆

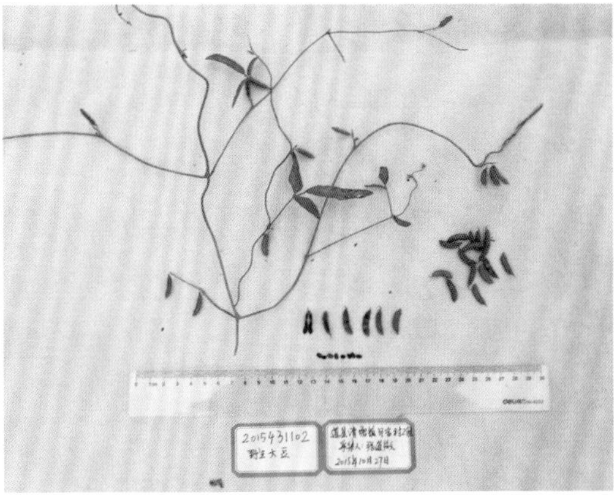

图 3-8　野大豆

小豆 [拉丁学名：*Vigna angularis* (Willd.) Ohwi et Ohashi]，又名饭豆、古名荅、小菽、赤菽、红小豆、赤豆、赤小豆、五色豆、米豆，为豆科菜豆族豇豆属一年生草本植物。起源于中国。小豆有发达的侧根，株高 80 ~ 100 厘米，有直立、半直立和蔓生三种株型。复叶 3 小叶，部分茎叶有绒毛。自花授粉，花小，黄色、淡灰色和白色居多。荚长 7 ~ 16 厘米，内生有 4 ~ 18 粒椭圆或长椭圆形种子。花期 6 ~ 7 月，果期 7 ~ 8 月。（图 3-9）

绿豆 [拉丁学名：*Vigna radiata* (L.) Wilczek.]，又名青小豆、菉豆、植豆等，为豆科豇豆属一年生草本植物。起源于印度、缅甸等南亚、东南亚地区。株高 20 ~ 60 厘米。茎被刚毛，羽状复叶 3 小叶。总状花序腋生，有花 4 朵以上，最多可达 25 朵。荚果线状圆柱形，平展，长 4 ~ 9 厘米，宽 5 ~ 6 毫米，表面具淡褐色、散生的长硬毛。种子 8 ~ 14 颗，淡绿色或黄褐色，短圆柱形，种脐白色。湖南省全省都有分布，一般花期为初夏，果期 6 ~ 8 月，秋季 7 ~ 8 月收获。（图 3-10）

图 3-9　小豆

图 3-10　绿豆

蚕豆（拉丁学名：*Vicia faba* L.），又名罗汉豆、胡豆、兰花豆、南豆、竖豆、佛豆，为豆科野豌豆属一年生草本植物。原产欧洲地中海沿岸，亚洲西南部至北非，相传西汉张骞自西域引入中原。主根短粗，多须根，根瘤粉红色，密集。茎粗壮，直立，直径 0.7 ~ 1 厘米，具四棱，中空、无毛。偶数羽状复叶，叶轴顶端卷须短缩为短尖头，托叶戟头形或近三角状卵形，略有锯齿，具深紫色密腺点，小叶通常 1 ~ 3 对，互生，椭圆形、长圆形或倒卵形，先端圆钝，具短尖头，基部楔形，全缘。总状花序腋生，花梗近无，花萼钟形，花冠白色。荚果肥厚，表皮绿色被绒毛，内有白色海绵状横隔膜，成熟后表皮变为黑色。种子长方圆形，近长方形，中间内凹，种皮革质，青绿色、灰绿色至棕褐色，稀紫色或黑色，种脐线形，黑色。花期 4 ~ 5 月，果期 5 ~ 6 月，6 月以后可以收集到成熟种子，为粮食、蔬菜和饲料、绿肥兼用作物。

豆类资源信息采集包括株高、株型、根瘤数目、豆荚长短大小、种皮颜色等，以及使用用途和特殊风味，建议注明具体类型，如粒用大豆或鲜食大豆。种质资源收集以脱荚干燥的种子为主，新种数量 2 000 粒左右，陈年种尽可能多于 2 000 粒。如果为整株收集，需尽快干燥处理。样品用网袋装，防潮。野生大豆多为藤蔓状，采集时要考察野生大豆的生态群落大小，收集 30 株以上的种子，收集时小心不要将种子抖落，及时将种子从果荚中取出，做好干燥处理。

三、薯类

薯类资源主要包括甘薯、马铃薯和木薯等用于食用和加工原料的粮食作物，又称根茎类作物。

甘薯[拉丁学名：*Ipomoea batatas*（L.）Lam.]，原名番薯，又名地瓜、红苕、红薯、红芋、甜薯、白薯、茴芋、紫薯等，为旋花科番薯属一年生草本植物。起源于南美洲。甘薯根可分为须根、柴根和块根三种形态，块根分布在 5～25 厘米深的土层中，先伸长后长粗，可供食用。地下根末端膨大成卵球形的块根，外皮光滑，皮肉颜色各异，有黄、橘红、白、紫等多种颜色，有些品种同时具有多种颜色。单叶互生，叶片有心形、鸡爪形等。雄花序为穗状花序，单生，雄花无梗或具极短的梗，苞片卵形，顶端渐尖，花被浅杯状，被短柔毛。蒴果三棱形，顶端微凹，基部截形，每棱翅状。种子圆形，具翅。花期初夏，6～8 月为主要结薯期。(图 3-11)

马铃薯（拉丁学名：*Solanum tuberosum* L.），又名土豆、山药蛋、洋芋、洋番芋、洋山芋、薯仔、荷兰薯、番仔薯，为茄科茄属一年生草本植物，主要食用膨大的块茎。原产于南美洲安第斯山区。须根发达。地上茎呈菱形，直径约 1.5 厘米，茎叶被毛，膨大的块茎圆球状，光滑，棕色或紫褐色。初生叶为全缘单叶，随植株的生长，逐渐形成奇数不相等的羽状复叶。伞房花序顶生，后侧生，花白色或蓝紫色，萼钟形。种子肾形，黄色。冬马铃薯收获期为 4～5 月，秋马铃薯为 10 月以后。(图 3-12)

图 3-11　甘薯

图 3-12　马铃薯

木薯［拉丁学名：*Manihot esculenta* Crantz（*M. utilissima* Pohl）］，又名南洋薯、木番薯、树薯，为大戟科木薯属灌木状多年生植物。原产于美洲热带地区，主要种植于我国海南等地，湖南省永州市等南部地区有种植。根有细根、粗根和块根，块根中央有一白色线状纤维，性质坚韧，不易折断。茎直立光滑，含乳汁。叶互生，掌状 3 ~ 7 深裂，裂片披针形至长椭圆状披针形，似蓖麻叶。腋生疏散圆锥花序，花单性，雌雄同株，雄花花萼长约 7 毫米，裂片长卵形，雌花着生于花序基部，浅黄色或带紫红色，柱头三裂，子房三室，绿色。蒴果，矩圆形。种子褐色。

薯类资源采集信息包括薯块和薯皮颜色、株型、株高、茎叶颜色、叶脉颜色、分枝数等，以及种植习惯、用途。种质资源收集以自留 30 年以上的品种或者自然突变获得新种的薯块为主，每份资源应保证 10 个以上完整薯块。甘薯和马铃薯薯块宜用网袋等透气材料装，忌用塑料袋等密封，需要小心拿放，避免破损，收集的材料需及时送种质资源库处理。甘薯也可以春夏季节采集薯苗，采集的薯苗应分节剪开，每一根苗保留 4 ~ 5 个节，生长下端一半的长度去掉叶片，用保鲜膜包好，放 4℃冰箱冷处理 2 ~ 3 小时，即可寄送种质资源库，寄送前做好联系工作，3 天左右可以栽插成活。

四、油料作物

油料作物是以榨取油脂为主要用途的一类作物，主要包括油菜、花生、芝麻、向日葵等。

油菜是十字花科芸薹属几个油用变种的总称，一年生草本植物。油菜主要栽培类型为：白菜型油菜（*Brassica rapa* L.），又名甜油菜，起源于亚洲和欧洲，中国是原产地之一，目前在中国西北地区和长江流域以南均有种植；芥菜型油菜（*Brassica juncea* L.），又名腊油菜、苦油菜，起源于亚洲和非洲，我国是原产地之一和类型分化中心，主要在南方山区及土质贫瘠的地区种植；甘蓝型油菜（*Brassica napus* L.），是白菜型油菜与甘蓝天然杂交进化形成的复合种，起源于欧洲，20 世纪 40—50 年代引入中国，目前我国栽培油菜以甘蓝型油菜为主。湖南省油菜花期多为 2 ~ 4 月，高海拔、高纬度地区延后，5 ~ 6 月为收获期。（图 3-13）

白菜型油菜：植株矮小，分枝较少，基叶较小，有刺毛，苔茎叶全包茎。主根不发达，细根支根多。茎秆木质化程度较低，易倒伏。花瓣上部圆形，呈覆瓦状重叠，花序顶端花蕾低于附近已开放花朵。角果肥大，角喙明显，种子主要有黄、黄褐、红、黑等颜色，千粒重一般在 3 克左右，含油量在 35% ~ 38% 之间。

芥菜型油菜：植株高大，株型分散，叶青绿或带紫色，密生刺毛，苔茎叶不包茎。主根强壮入土较深，细根侧根较少。茎秆坚硬，木质化程度较高。花瓣窄小细长，完全开放时花瓣互不重叠。角果细而短，种子主要有黄、黄褐、红、黑等颜色，表面有明显网纹，千粒重一般在 2 克左右，含油量在 30% ~ 35% 之间，辛辣味浓。

甘蓝型油菜：植株中等或高大，分枝习性和分枝节位中等，叶似甘蓝，呈蓝绿色，多覆盖蜡质，苔茎叶半包茎。主根中等，细根支根发达。花瓣大，呈覆瓦状重叠。角果较长，种子主要有黑、黑褐、黄等颜色，千粒重一般在 4 克左右，含油量在 40% ~ 45% 之间。

花生（拉丁学名：*Arachis hypogaea* L.），又名落花生、长生果、泥豆等，为豆科落花生属一年生草本植物。原产于南美洲，主要分布于巴西、中国、埃及等地。花生根部有丰富的根瘤。茎直立或匍匐，茎和分枝均有棱，被黄色长柔毛，后变无毛。叶通常具小叶 2 对，具纵脉纹，被毛，小叶纸质，卵状长圆形至倒卵形。花长约 8 毫米，苞片 2，披针形，花冠黄色或金黄色，旗瓣开展，先端凹入花柱延伸于萼管咽部之外，柱头顶生，疏被柔毛。荚果膨胀，荚厚。花、果期主要集中在 6 ~ 8 月，不同品种有区别，中熟品种历时约 35 ~ 45 天，极早熟和早熟品种短些，晚熟品种长些，南方多于 8 月以后可以收集到成熟的花生果实。（图 3-14）

图 3-13　油菜

图 3-14　花生

芝麻（拉丁学名：*Sesamum indicum* L.），又名脂麻、胡麻，为胡麻科胡麻属一年生直立草本植物。原产中国，遍布世界上的热带地区以及部分温带地区。芝麻高 60 ~ 150 厘米，分枝或不分枝，茎中空或具有白色髓部。叶微有毛，矩圆形或卵形，下部叶常掌状 3 裂，中部叶有齿缺，上部叶近全缘，叶柄长 1 ~ 5 厘米。花萼裂片披针形，被柔毛，花冠长 2.5 ~ 3 厘米，筒状，白色而常有紫红色或黄色的彩晕。蒴果矩圆形，有纵棱，直立，被毛，分裂至中部或至基部，有黑白之分。花期 7 ~ 8 月，不同播期和品种有差异，春芝麻 8 月下旬成熟，夏芝麻 9 月下旬成熟，入秋后可收集到成熟种子。(图 3-15)

向日葵（拉丁学名：*Helianthus annuus* L.），又名朝阳花、转日莲、向阳花、望日莲、太阳花，为菊科向日葵属一年生草本植物。原产于北美洲。株高 1 ~ 3.5 米，茎直立，圆形多棱角，质硬，被白色粗硬毛。广卵形的叶片通常互生，先端锐突或渐尖，有基出 3 脉，边缘具粗锯齿，两面粗糙，被毛，有长柄。头状花序，直径 10 ~ 30 厘米，单生于茎顶或枝端，总苞片多层，叶质，覆瓦状排列，被长硬毛，夏季开花，花序边缘生中性的黄色舌状花，不结实，花序中部为两性管状花，棕色或紫色，能结实。瘦果矩卵形，果皮木质化，灰色或黑色，称葵花籽。花期 7 ~ 9 月，入秋后种子成熟。(图 3-16)

图 3-15　芝麻

图 3-16　向日葵

油料作物资源采集信息包括株高、株型、茎叶颜色、籽粒颜色等性状。资源收集对象为 30 年以上本地自留种或者地方土生种，引进的杂交栽培种不纳入收集对象。湖南地区油菜熟期为 4 ~ 5 月，花生、芝麻等多于秋季收获，需要考虑好收集时间，采集种子数在 5 000 粒以上，宜用牛皮纸袋或者防潮保鲜袋装种子，做好干燥工作。

五、其他粮食作物

荞麦（拉丁学名：*Fagopyrum esculentum* Moench.），又名甜荞、乌麦、三角麦等，为蓼科荞麦属一年生草本植物。原产中国，在亚洲其他国家和欧洲国家也有分布，湖南省为起源地之一。茎直立，高 30～90 厘米，上部分枝，绿色或红色，具纵棱，无毛或于一侧沿纵棱具乳头状突起。叶三角形或卵状三角形，顶端渐尖，基部心形，两面沿叶脉具乳头状突起。花被 5 深裂，白色或淡红色。瘦果卵形，具 3 锐棱，顶端渐尖。荞麦春播在 3 月底至 5 月初，秋播在 7 月下旬至 8 月上旬，秋播宜提早，不宜推迟。

薏苡（拉丁学名：*Coix lacryma-jobi* L.），又名尿珠子、草珠子、药珠子、药玉米、苡米，为禾本科薏苡属一年生草本植物。原产中国，主产湖北蕲春、湖南、河北、江苏、福建等地区。秆直立丛生，高 1～2 米，具 10 多节，节多分枝。叶鞘短于其节间，无毛，叶舌干膜质，长约 1 毫米，叶片扁平宽大，开展，基部圆形或近心形，中脉粗厚，在下面隆起，边缘粗糙，通常无毛。总状花序腋生成束，直立或下垂，具长梗，雄蕊常退化，雌蕊具细长之柱头，从总苞之顶端伸出。颖果小，含淀粉少，常不饱满。花期 7～8 月，果期 9～10 月。（图 3-17）

䅟子 [拉丁学名：*Eleusine coracana* (L.) Gaertn]，又名龙爪粟、鸭爪稗、龙爪稷、鸡爪粟等，为禾本科䅟属一年生粗壮簇生草本植物。原产于我国，可制成湖南的特色小吃䅟子粑粑。秆直立，高 50～120 厘米，常分枝。叶鞘长于节间，光滑，叶舌顶端密生长柔毛，长 1～2 毫米，叶片线形。穗状花序 5～8 个呈指状着生秆顶，成熟时常内曲，颖坚纸质，顶端急尖，外稃三角状卵形，顶端急尖，背部具脊，脊缘有狭翼，长约 4 毫米，具 5 脉，内稃狭卵形，具 2 脊，粗糙。花柱自基部即分离。果为囊果。种子近球形，黄棕色，表面皱缩，种脐点状。花果期 5～9 月，9～10 月以后为主要收获期。（图 3-18）

其他粮食作物资源以种子收集为主，当年收集的种子数量均在 2 500 粒以上，陈年种子宜更多。种子较小，宜用牛皮纸袋装好，做好干燥处理。具有特殊繁殖方式的材料宜先联系湖南省农业科学院种质资源库，咨询相关专家后再行采集。

图 3-17　薏苡

图 3-18　䅟子

第四章　蔬菜作物种质资源的普查与收集

第一节　湖南省蔬菜作物资源创新与生产利用

在1956—1957年，1979—1983年两次湖南蔬菜作物资源调查中，湖南省蔬菜研究所等科研单位收集、保存了大量优异蔬菜种质资源，其中部分资源被推广应用，效果显著。特别是在辣椒的种质资源创新和生产利用方面，湖南省蔬菜研究所取得了令人瞩目的经济效益和社会效益。

20世纪60年代，张继仁带领的研究团队对湖南省33个县（市）的辣椒种质资源进行鉴定研究，筛选出衡阳伏地尖、河西牛角椒、湘潭迟班椒、长沙光皮椒、长沙灯笼椒、祁阳矮秆早等一批优良地方品种应用于生产，取得了良好的社会效益。通过进一步的系统选择，育成伏地尖1号、21号牛角椒和湘晚14号等常规品种，在湖南大面积推广。这些优良地方品种资源作为湘研、中椒、苏椒系列杂交品种的骨干亲本，在辣椒杂种优势利用中发挥了重要作用。

20世纪70—90年代，湖南省蔬菜研究所在辣椒杂种优势育种研究中取得重大突破，创制出3个骨干亲本（5901、6421、8214）及其衍生系（9001、9704A、9003、J01-227），并选育出湘研系列辣椒新品种。该系列辣椒以抗病抗逆性强、高产稳产、品质优良、适应性广、品种配套齐全等优点，在华中、西南、华南、长江中下游地区等迅速占领市场，年推广种植面积近13.34万公顷，成为全国乃至世界闻名的辣椒品种。湘研系列辣椒的研究——“湘研辣椒（湘研1、3～6号）的育成”、“湘研辣椒（湘研1～10号）的推广”、“湘研11～20号、湘辣1～4号辣椒新品种选育”均获国家科技进步二等奖。

20世纪70—90年代，以湖南省蔬菜研究所为首的科研单位对辣椒种质资源进行了大量研究。以张继仁、邹学校为首的科研团队在国内率先系统开展了辣椒种质资源收集与保存、鉴定与评价、创新与利用工作，收集地方品种资源3 219份，建立了我国材料份数最多的辣椒种质资源库；研究了收集保存的1 000多份辣椒品种资源的亲缘关系，提出了植株、果实、产量性状、抗病性、果实营养成分的遗传模式；制定了一系列辣椒资源评价与创新利用技术标准，建立了较为完善的资源评价技术体系，筛选出 426 份优异种质资源。进入 21 世纪，湖南省蔬菜研究所深入开展辣椒雄性不育系的研究，利用“21 号牛角椒”创制出核质互作雄性不育系 9704A，是唯一一个通过省农作物品种审定委员会审定的不育系。以“9704A”为亲本，选育了多个核质互作雄性不育杂交品种“湘辣 1、2、4 号”和湘研“14、31 号”等，已在生产上大面积应用，大大降低了制种成本。

近年来，湖南省蔬菜生产规模不断扩大，蔬菜产业跃升为湖南省农业第一大产业。2015 年，全省蔬菜播种面积 135.34 万公顷，总产量 3 764 万吨，总产值 1 044 亿元。其中，部分蔬菜分类播种面积分别为：小白菜 5.23 万公顷，大白菜 7.29 万公顷，辣椒 9.94 万公顷，茄子 5.24 万公顷，黄瓜 5.27 万公顷，莴笋 5.15 万公顷，萝卜 7.05 万公顷，豇豆 4.77 万公顷，大蒜 3.18 万公顷，南瓜 4.14 万公顷。

第二节　蔬菜作物种质资源的分类及收集方法

根据蔬菜作物的形态特征和生长发育特性，可将蔬菜种质资源分为十一大类：白菜类、甘蓝类、根菜类、绿叶菜类、葱蒜类、茄果类、瓜类、豆类、薯芋类、多年生蔬菜和水生蔬菜。

一、白菜类

白菜类包括大白菜、小白菜、芥菜、雪里蕻等。

大白菜 [拉丁学名：*Brassica campestris* L. ssp. *pekinensis*(Lour) Olsson]，又名结球白菜、包心白菜、黄芽白、绍菜等，为十字花科芸薹属一年生栽培植物。原产于中国。根系较浅，须根发达，再生力强。茎上着生莲座叶。叶为浅绿、绿或深绿色，呈圆、卵圆、倒卵圆或椭圆形等，全缘、波状或有锯齿。花为复总状花序，4 片花瓣呈十字形排列。角果较长，内有种子 10 ～ 20 粒。种子呈红褐或黄褐色，近圆形。早熟品种一般在 8 月上、中旬播种，中熟品种可在 8 月下旬至 9 月初播种，晚熟品种以 8 月下旬播种为宜。(图 4-1)

小白菜（拉丁学名：*Brassica campestris* L. ssp. *chinensis* Makino var.

communis Tsen et Lee），又名青菜、胶菜、瓢儿菜、瓢儿白、油白菜等，为十字花科芸薹属一年生或二年生草本植物，常作一年生栽培。原产于中国。根系较浅，须根发达，叶为淡绿至墨绿色，呈倒卵形或椭圆形，叶片光滑或皱缩，少数有绒毛。叶柄肥厚，白色或绿色。不结球。总状花序，具分枝，花黄色。果为长角果，种子近圆形，表面褐色或黄褐色。小白菜分为普通小白菜、乌塌菜、菜薹和菜心四种类型。（图 4-2）

图 4-1　大白菜

图 4-2　小白菜

红菜薹[拉丁学名：*Brassica campestris* L. ssp. *chinensis* Makino var. *tsai-tai* Hort. (var. *purpure* Mao)]，又名紫菜薹、红油菜薹，为十字花科芸薹属白菜亚种的变种，一年生或二年生草本植物。原产中国。株型较小而直立，主根不发达，须根发生多，属浅根系蔬菜，根群主要分布在表土层 3 ～ 10 厘米之中，根的再生能力强，茎短缩，色绿，叶片宽，卵圆形或椭圆形，叶缘波状，叶片绿色。花薹叶较小，披针形或卵形，花茎下部叶有叶柄，上部叶片无叶柄，花为总状花序，具分枝，花黄色。果为长角果，内含 15 ～ 39 粒种子，近圆形，表面褐色或黄褐色，与白菜种子相似，千粒重 1.3 ～ 1.7 克。一般秋季播种，初冬上市，以嫩薹供食，可采收至 3 月中旬，高山栽培可延迟采收到 4 月下旬。（图 4-3）

白菜薹（拉丁学名：*Brassica campestris* L. ssp. *chinensis* var. *utilis* Tsen et Lee)，为十字花科芸薹属白菜亚种的变种，一二年生草本植物。原产中国。根系较浅，须根发达。叶为淡绿至墨绿色，呈倒卵形或椭圆形，叶片光滑或皱缩，少数有绒毛。叶柄肥厚，白色或绿色。花薹叶较大，卵形。总状花序，具分枝，花黄色。果为长角果，种子近圆形，褐色或黄褐色。一般秋季播种，初冬上市，以嫩薹供食。可采收至 3 月中旬，高山栽培可延迟采收到 4 月下旬，是冬春季期间的重要蔬菜品种之一。全国各地均有栽培，尤其湖南、湖北、安徽、江苏、浙江、江西等地面积较大。(图 4-4)

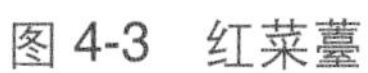

图 4-3　红菜薹

图 4-4　白菜薹

芥菜（拉丁学名：*Brassica juncea* Coss.），为十字花科芸薹属一年生或二年生草本植物。原产中国，多分布于长江以南。芥菜茎为短缩茎。叶片着生短缩茎上，有椭圆、卵圆、倒卵圆、披针等形状。叶色绿、深绿、浅绿、黄绿、绿色间紫色纹或紫红。叶面平滑或皱缩。叶缘锯齿或波状，全缘或有深浅不同、大小不等的裂片。花冠十字形，黄色，四强雄蕊，异花传粉，但自交也能结实。种子圆形或椭圆形，色泽红褐或红色。花期 4 ～ 5 月，果期 5 ～ 6 月。芥菜根据不同的食用部位，可分为叶用芥菜、茎用芥菜、薹用芥菜、籽用芥菜、分蘖芥菜、根用芥菜六个类型，其中根用芥菜属根菜类蔬菜。(图 4-5)

雪里蕻（拉丁学名：*Brassica juncea* var. *multiceps* Tsen et Lee），又名雪里红、雪菜、春不老、霜不老、飘儿菜、塌棵菜、雪里翁，为十字花科芸薹属一年生草本植物，是芥菜类蔬菜中分蘖芥菜的一个变种。株型直立且紧凑，分蘖性强，成株有分蘖28个左右。叶绿色、倒卵形，叶缘大锯齿嵌小锯齿，缺刻自叶尖至叶基由浅渐深，近基部全裂，有小裂片3～5对，沿叶缘有一圈紫红色条带，叶面较光滑，无蜡粉和刺毛，叶柄浅绿色，背面有棱角。花期为3～5月。雪里蕻是我国长江流域普遍栽培的冬春两季重要蔬菜，以叶柄和叶片食用，通常腌着吃。(图4-6)

图4-5　芥菜

图4-6　雪里蕻

收集方法：白菜类蔬菜靠种子繁殖后代，因此，在进行资源收集时，应收集成熟的种荚(黄色),晒干后取出种子。每个样品种子数量50～100克。因种子较细，收集时可放入60目的纱网袋或纸袋中保存，并将写有资源编号、名称、收集地点、收集人姓名和收集日期的吊牌或卡片随同种子或干种荚一起放入纱网袋或纸袋中，注意锁紧网口或密封纸袋，防止种子漏出。

二、甘蓝类

甘蓝类包括结球甘蓝、球茎甘蓝、花椰菜、西兰花等。种子十分相似，均为十字花科芸薹属甘蓝栽培种。

结球甘蓝(拉丁学名：*Brassica oleracea* L .var. *capitata* L.)，又名卷心菜、洋白菜、

疙瘩白、包菜、圆白菜、包心菜、莲花白等，二年生草本植物。起源于地中海沿岸，16 世纪开始传入中国。一年生肉质茎，绿色或灰绿色。基生叶多数，质厚，层层包裹成球状体，扁球形，直径 10 ～ 30 厘米或更大，乳白色或淡绿色。（图 4-7）

球茎甘蓝（拉丁学名：*Brassica oleracea* L. var. *caulorapa* DC.），又名苤蓝、擘蓝、玉蔓菁、撇列、不留客、人头疙瘩、卡拉头，为十字花科芸薹属甘蓝种中能形成肉质茎的变种，二年生草本植物。原产地中海沿岸。株高 30 ～ 60 厘米，全株光滑无毛。茎短，在离地面 2 ～ 4 厘米处膨大成长椭圆形、球形或扁球形具叶的肉质球茎，直径 5 ～ 10 厘米。叶长 20 ～ 40 厘米，叶片卵形或卵状矩圆形，光滑，被有白粉，边缘有明显的齿或缺刻。 花黄白色，总状花序，花瓣展开如十字形。角果长圆柱形，喙很短，且于基部膨大。种子小，球形，直径 1 ～ 2 毫米。花期 4 月，果期 6 月。（图 4-8）

图 4-7　结球甘蓝

图 4-8　球茎甘蓝

花椰菜（拉丁学名：*Brassica oleracea* L. var. *botrytis* L.），又名菜花、花菜、椰花菜、甘蓝花、洋花菜、球花甘蓝。原产地中海沿岸，约 19 世纪初引进中国。株高 60 ～ 90 厘米，被粉霜。茎直立粗壮，有分枝。基生叶及下部叶长圆形至椭圆形，长 2 ～ 3.5 厘米，灰绿色，顶端圆形，开展，不卷心，全缘或具细牙齿，叶柄长 2 ～ 3 厘米，茎中上部叶较小且无柄，长圆形至披针形，抱茎。茎顶端有

1 个由总花梗、花梗和未发育的花芽密集成的乳白色肉质头状体，总状花序顶生及腋生，花淡黄色，后变成白色。长角果圆柱形。种子为棕色，呈宽椭圆形。花期 4 月，果期 5 月。(图 4-9)

西兰花（拉丁学名：*Brassica oleracea* L. var. *italica* Plenck.），又名青花菜、绿菜花、绿花菜、茎椰菜。原产欧洲地中海沿岸的意大利一带，19 世纪末传入中国。西兰花形态特征、生长习性和花椰菜基本相似。植株高大，长势强健。根茎粗大，表皮薄，中间髓腔含水量大、鲜嫩，根系发达。叶互生，蓝绿色，逐渐转为深蓝绿，蜡质层增厚，叶柄狭长，叶形有阔叶和长叶两种。叶片生长 20 片左右抽出花茎，顶端群生花蕾，紧密群集成花球状，形状为半球形，花蕾青绿色。(图 4-10)

图 4-9　花椰菜

图 4-10　西兰花

甘蓝类蔬菜的收集方法同白菜类。

三、根菜类

根菜类包括萝卜、胡萝卜、根用芥菜、甜菜根等，生长期间喜好凉爽湿润，多为秋冬季节生产。通常第一年秋冬季形成肥大的肉质根后第二年春季抽薹开花结籽。

萝卜（拉丁学名：*Raphanus sativus* L.），又名莱菔、芦菔、白萝卜、红萝卜、青萝卜，为十字花科萝卜属一年生或二年生草本植物。原产中国。常见有红萝卜、青萝卜、白萝卜、水萝卜和心里美等。根肉质，长圆形、球形或圆锥形，根皮红色、绿色、白色、粉红色或紫色。茎直立，粗壮，圆柱形，中空。叶通常大头羽状分裂，被粗毛，茎中向上渐变小，不裂或稍分裂。总状花序，顶生及腋生。花淡粉红色或白色。长角果，不开裂，近圆锥形，直或稍弯，种子间缢缩成串珠状，内含种子 1 ～ 6 粒，红褐色，圆形，有细网纹。(图 4-11)

胡萝卜（拉丁学名：*Daucus carota* L. var. *sativus* DC.)，又名红萝卜、丁香萝卜、葫芦菔金、胡芦菔、红菜头、黄萝卜等，为伞形花科胡萝卜属二年生草本植物。原产于亚洲西南部，阿富汗为最早演化中心。以肉质根作蔬菜食用。茎生叶近无柄，有叶鞘。叶丛生于短缩茎上，为三回羽状复叶，叶柄细长，叶色浓绿，叶面密生茸毛。肉质根贮藏越冬后抽薹开花，白色或淡黄色。双悬果，椭圆形，皮革质，纵棱上密生刺毛。花期 5 月上旬至 7 月中旬。(图 4-12)

图 4-11　萝卜

图 4-12　胡萝卜

根用芥菜（拉丁学名：*Brassica juncea* Coss. var. *megarrhiza* Tsen et Lee)，又名根芥菜、大头菜、芜菁、芥辣、辣疙瘩、芥菜疙瘩，为十字花科芸薹属芥菜种变种，二年生植物。由起源小亚细亚和伊朗的黑芥与地中海沿岸起源的芸薹杂交形成的异源四倍体在中国演化而来。块根肉质，呈白色或黄色，球形、扁圆形，有时长椭圆形，质地紧密，水分少，纤维多，有强烈的芥辣味并稍带苦味。须根多生于块根下的直根上。茎直立，上部有分枝，基生叶绿色，羽状深裂，长而狭，长 30 ～ 50 厘米。花为总状花序，花小，鲜黄色，长约 7 毫米，花瓣十字形，具长爪。长角果圆柱形，长 3.5 ～ 6 厘米，喙细长。花期春季。（图 4-13）

甜菜根（拉丁学名：*Beta vulgaris* L.），别名红菜头，为藜科甜菜属二年生草本植物。原产地中海沿岸，中国有少量栽培。肉质根呈球形或卵形、扁圆形、纺锤形，紫红色。茎直立，表面有白色粗硬毛。根生叶有长柄，基部销状，叶片 2 ～ 3 回羽状分裂，最终裂片线形或披针形，茎生叶的叶柄较短。花小，白色、黄色或淡紫红色。双悬果卵圆形，分果的主棱不显著，次棱 4 条，发展成窄翅，翅上密生钩刺，果实相互连生呈球形。种子小，肾形，褐色。花期 5 ～ 7 月，果期 7 ～ 8 月。（图 4-14）

图 4-13　根用芥菜

图 4-14　甜菜根

收集方法：根菜类蔬菜靠种子繁殖后代，因此在进行种质资源收集时，应收集成熟种子。萝卜和大头菜属十字花科蔬菜，可参照白菜类收集种子。萝卜种子大，每个样品种子数量 200 克，用 40 目纱网袋装。根用芥菜种子细小，每个样品种子数量 50 ～ 100 克，需用 60 目的纱网袋装。胡萝卜种子带毛，中等大小，为了防止因雨发霉、发芽，降低种子质量，收获后应挂晾于通风、避雨的干燥处，半干时搓下种子暴晒后脱毛，每个样品种子数量 2 克以上。甜菜根种子较小，收集时可放入 60 目的纱网袋或纸袋中保存。将写有资源编号、名称、收集地点、收集人姓名和收集日期的吊牌或卡片随同种子或干种荚一起放入纱网袋或纸袋中，同时扎紧网口或密封纸袋，防止种子漏出。

四、绿叶菜类

绿叶菜类包括菠菜、茼蒿、冬寒菜、芫荽、芹菜、莴笋、苋菜、蕹菜、落葵、紫背天葵、苦苣等。多以其幼嫩绿叶或叶柄、嫩茎为产品，共同特点是生长速度快、栽培周期短和产品采收标准不严格。其中苋菜、蕹菜和落葵性喜温暖，主要在南方栽培。

菠菜（拉丁学名：*Spinacia oleracea* L.），又名波斯菜、赤根菜、鹦鹉菜、红根菜、飞龙菜等，为苋科藜亚科菠菜属一年生草本植物。原产于伊朗，中国普遍栽培。根圆锥状，带红色，较少为白色，茎直立，中空，脆弱多汁，不分枝或有少数分枝。叶戟形至卵形，鲜绿色，柔嫩多汁，稍有光泽，全缘或有少数牙齿状裂片。雄花集成球形团伞花序，再于枝和茎的上部排列成有间断的穗状圆锥花序，雌花团集于叶腋。胞果卵形或近圆形，直径约 2.5 毫米，两侧扁，果皮褐色。菠菜按种子形态可分为有刺种与无刺种。（图 4-15）

茼蒿（拉丁学名：*Chrysanthemum coronarium* L.），又名同蒿、蓬蒿、蒿菜、菊花菜、塘蒿、蒿子杆、蒿子、桐花菜、鹅菜、义菜等，为菊科茼蒿属一年生或二年生草本植物。原产于地中海地区。茼蒿属浅根性蔬菜，根系分布在土壤表层。茎圆形，绿色，有蒿味。叶长形，边缘波状或深裂，叶肉厚。头状花序，花黄色。瘦果，褐色，有棱角。花果期 6 ～ 8 月。（图 4-16）

冬寒菜（拉丁学名：*Malva verticillata* L. var. *crispa* Linnaeus），又名冬苋菜、马蹄菜、冬葵、滑菜、滑肠菜等，为锦葵目锦葵科蔓锦葵属植物，多年生匍匐性草本。原分布于美国中部及南部各州，中国也有分布。具肥大直根。叶根出，圆形，有 5 ～ 7 个深裂，裂片呈倒披针至倒卵形，边缘有缺口或缺刻，托叶长 3 厘米，生于花萼基部。花单生，直立在延长的花梗上，花冠酒杯状，花瓣深红色或浅红色。离果，具分果 10 ～ 25 个。（图 4-17）

图 4-15　菠菜

图 4-16　茼蒿

芫荽（拉丁学名：*Coriandrum sativum* L.），又名香菜、盐荽、胡荽、香荽、延荽、漫天星等，为伞形科芫荽属一年生或二年生草本植物。原产于中亚和南欧，或近东和地中海一带。株高 30 ~ 100 厘米，全株无毛，有强烈香气。根细长，有多数纤细的支根。茎直立，多分枝，有条纹。基生叶一至二回羽状全裂，羽片广卵形或扇形半裂，边缘有钝锯齿、缺刻或深裂。伞形花序顶生或与叶对生，花白色或带淡紫色，花瓣倒卵形。果实圆球形，背面主棱及相邻的次棱明显。花果期 4 ~ 11 月。（图 4-18）

图 4-17　冬寒菜

图 4-18　芫荽

芹菜（拉丁学名：*Apium graveolens* L.），又名芹、旱芹、香芹、蒲芹、药芹菜、野芫荽、水芹、楚葵、水英等，为伞形科芹属中一年生或二年生草本植物。原产于地中海沿岸的沼泽地带。芹菜走茎发达，茎细长匍匐于地面，节节生根。二年生叶片肉质，叶近圆形或肾形。花为伞形花序，分散生于走茎的叶腋处。伞形花序，18 ～ 26 朵，花瓣 5 枚，渐尖形，白色或乳白色。果实为离果，扁圆形，基部心形，光滑，成熟后常呈黄褐色。花果期 4 ～ 11 月。芹菜分为本芹(中国类型)和洋芹(西芹类型）两大类。(图 4-19)

莴笋(拉丁学名：*Lactuca sativa* L.var. *angustana* Irish.)，又名茎用莴苣、莴苣笋、青笋、莴菜、香莴笋、千金菜，为菊科莴苣属莴苣种的变种，一年生或二年生草本植物。原产于地中海沿岸，唐代传入我国，在我国南北均有种植。叶互生，披针形或长卵圆形等，颜色有浅绿、绿、深绿或紫红，叶面平展或有皱褶。茎短缩，短缩茎随植株生长逐渐伸长和加粗，形成棒状肉质嫩茎，肉色淡绿、翠绿或黄绿色，可食用。圆锥形头状花序。瘦果，黑褐或银白色，附有冠毛。(图 4-20)

图 4-19　芹菜

图 4-20　莴笋

苋菜（拉丁学名：*Amaranthus tricolor* L.），又名雁来红、老少年、老来少、三色苋、青香苋、红苋菜、千菜谷、红菜、旱菜、杏菜、荇菜、寒菜、凫葵、蟹菜、红蘑虎、云香菜、云天菜等，为苋科苋属一年生草本植物。原产中国、印度及东南亚等地。苋菜根较发达。茎粗壮，绿色或红色，常分枝。叶片卵形、菱状卵形或披针形，绿色或常呈红色、紫色或黄色，或部分绿色夹杂其他颜色。花被片矩圆形，绿色或黄绿色。胞果卵状矩圆形，环状横裂，包裹在宿存花被片内。苋菜

的种子近圆形或倒卵形，黑色或黑棕色，边缘钝。花期5～8月，果期7～9月。（图4-21）

蕹菜（拉丁学名：*Ipomoea aquatica* Forsk.），又名藤藤菜、空心菜、蕹菜、通心菜、无心菜、瓮菜、空筒菜、竹叶菜，为旋花科番薯属一年生或多年生草本植物，以绿叶和嫩茎供食用。原产东亚。有藤蕹和子蕹之分，藤蕹一般不结籽，靠老茎越冬繁殖或嫩茎扦插繁殖。根系浅，主根上着生四排侧根，再生力强。茎蔓性，中空，绿色、浅绿色或带紫红色。茎节易生不定根，可用扦插繁殖。叶互生，有宽卵形、长卵形、短披针形和长披针形等。子蕹的花单生或聚伞花序腋生，白色或带紫色。蒴果，卵形，含种子2～4粒。种子近圆形，黑褐色，皮厚，每克种子20～30粒。（图4-22）

图4-21 苋菜

图4-22 蕹菜

落葵（拉丁学名：*Basella alba* L.），又名木耳菜、蘩露、藤菜、胭脂豆、潺菜、豆腐菜、紫葵、胭脂菜、蔠芭菜、豆腐菜、染绛子，为落葵科落葵属一年生缠绕草本植物。原产亚洲热带地区，中国南北方各地多有种植，南方也有野生的。茎长可达数米，无毛，肉质，绿色或略带紫红色。叶片卵形或近圆形，顶端渐尖，基部微心形或圆形，下延成柄，全缘，背面叶脉微凸起。花被片淡红色或淡紫色，卵状长圆形，全缘，顶端钝圆，下部白色，连合成筒。果实球形，直径5～6毫米，红色至深红色或黑色，多汁液，外包宿存小苞片及花被。花期5～9月，果

期 7 ～ 10 月。(图 4-23)

紫背天葵（拉丁学名：*Begonia fimbristipula* Hance)，又名天葵、红水葵、红天葵、观音菜、红背菜、红玉菜、红风菜、水前寺菜、两色三七草等，为秋海棠科秋海棠属的多年生无茎草本植物。紫背天葵是中国的特有植物，以嫩茎叶供食。紫背天葵的根状茎球状，具多数纤维状支根。叶均基生，具长柄，叶片两侧略不相等，轮廓宽卵形，先端急尖或渐尖状急尖，基部略偏斜，心形至深心形，托叶小，卵状披针形，有红叶种和紫茎绿叶种两类。花粉红色，聚伞状花序。蒴果下垂，种子极多数小，淡褐色，光滑。花期 5 月，果期 6 月。(图 4-24)

图 4-23　落葵

图 4-24　紫背天葵

苦苣（拉丁学名：*Cichorium intybus* L.)，又名花叶生菜、花菊苣、栽培菊苣、明目菜、苦细叶生菜等，为菊科菊苣属一年生或二年生草本植物。原产于欧洲和印度，引入我国的时间不长。基生叶羽状深裂或基生叶不裂，椭圆形、椭圆状戟形、三角形、三角状戟形或圆形。头状花序。瘦果褐色，长椭圆形或倒披针形。每株可产种子 300 ～ 1 200 粒。春、夏、秋三季均可发芽出苗，一般于 2 月底返青，3 月中旬以后抽茎，4 月中旬以后孕蕾，5 月上旬开花，5 月上旬至 6 月上旬结实并成熟，生育期为 104 天，生长期可达 8 ～ 10 个月。

收集方法：绿叶菜类主要靠种子繁殖，因此，在进行资源收集的时候，应收集成熟种子。菠菜种子充分成熟后容易脱粒，又由于菠菜种株各部位开花的先后不同，导致种子成熟期不一致。因此，当种株有 1/3 ～ 1/2 变黄时，就应全部收获。收获应在早晨露水未干时进行，收获后的种株在干燥的地方堆置几天，待种子后熟，抢晴天让其充分干燥脱粒。每个样品种子数量 200 克。苦苣的种子边成熟边脱落，借助冠毛随风或地表径流传播，因此，需在苦苣种子完全成熟前收割植株，放室内后熟之后取种。每个样品种子数量 50 ~ 100 克。菠菜、蕹菜和落葵种子较大，用 40 目纱网袋装就可以了。芹菜、莴笋、芫荽、茼蒿、苋菜、冬寒菜等种子较小，每个样品种子数量 50 ~ 100 克，需用 60 目的纱网袋装。并将写有资源编号、名称、收集地点、收集人姓名和收集日期的吊牌或卡片随同种子或干种荚一起放入纱网袋，并锁紧网口，防止种子漏出。落葵可以用种子繁殖，也可用老茎扦插繁殖。藤蕹在湖南不能结籽，只能用老茎扦插繁殖。紫背天葵可以无性繁殖,在春季 3 ~ 4 月或秋季 9 ~ 10 月进行分株或扦插繁殖。扦插时剪下留 4 ~ 5 节叶片的枝条，用生根粉浸枝条半个小时，插时先将土浇透水，将半节枝条插入土中，插后再浇水，然后覆盖遮阳网遮阴保湿 3 ~ 5 天。因此收集落葵、藤蕹、紫背天葵时可以采集老茎，茎上需带有 4 ~ 5 节叶片，并作保湿处理。也可以挖取老蔸子作种，但需带土和保湿。每个样品茎或枝条 8 ~ 10 个。并将写有资源编号、名称、收集地点、收集人姓名和收集日期的吊牌随同种茎或种蔸一起放入塑料袋中，作保湿处理。绿叶菜生长季节，还可以收集带土小苗活株，每个样品数量 15 ~ 20 株，需作保湿处理，并尽快寄往湖南省农科院。

五、葱蒜类

葱蒜类包括韭菜、大蒜、洋葱、韭葱、大葱、分葱、藠头、胡葱等。葱蒜类蔬菜性耐寒喜凉。韭菜可宿根生长，为多年生。大葱可周年生产，为二年生或三年生。大蒜和洋葱通常只能在春夏特定的季节栽培。

韭菜（拉丁学名：*Allium tuberosum* Rottl. ex Spr.），又名韭、山韭、长生韭、丰本、扁菜、韭芽、懒人菜、草钟乳、起阳草、壮阳草等，为百合科葱属多年生草本植物。原产亚洲东南部。 韭菜根茎横卧，鳞茎狭圆锥形，簇生，根为弦线根的须根系，没有主侧根。短缩茎为茎的盘状变态，下部生根，上部生叶。叶片簇生于短缩茎上，叶基生，叶片扁平带状，可分为宽叶和窄叶。花为伞形花序，顶生。果实为蒴果。成熟种子黑色，盾形，千粒重为 4 ~ 6 克。韭菜按食用部分可分为根韭、叶韭、花韭、叶花兼用韭四种类型。（图 4-25）

大蒜（拉丁学名：*Allium sativium* L.），又名蒜头、大蒜头、胡蒜、葫、独蒜、独头蒜，是蒜类植物的统称，为百合科葱属半年生草本植物。原产地在西亚和中亚。大蒜为浅根性作物，无主根，发根部位为短缩茎周围，外侧最多，内侧较少。鳞茎具 6 ～ 10 瓣，外包灰白色或淡紫色干膜质鳞被。叶互生，实心，扁平，线状披针形，为 1/2 叶序，排列对称。花茎直立，高约 60 厘米，伞形花序，小而稠密，膜质，浅绿色，花间多杂以淡红色珠芽，或完全无珠芽。种子黑色。花期夏季。(图 4-26)

图 4-25 韭菜

图 4-26 大蒜

洋葱（拉丁学名：*Allium cepa* L.），又名球葱、圆葱、玉葱、葱头、荷兰葱、皮牙子等，为百合科葱属二年生或多年生草本植物。原产于中亚或西亚。根为弦状须根，着生于短缩茎盘的基部。叶身暗绿色，呈圆筒状，中空，腹部有凹沟，表面有蜡质。叶鞘肥厚呈鳞片状，密集于短缩茎的周围，形成鳞茎。伞状花序，白色小花。蒴果。花果期 5 ～ 7 月。(图 4-27)

韭葱（拉丁学名：*Allium porrum* L.），又名扁葱、扁叶葱、洋蒜苗，为百合科葱属多年生草本植物。原产欧洲中南部。鳞茎单生，矩圆状卵形至近球状，有时基部具少数小鳞茎，鳞茎外皮白色，膜质，不破裂，实心。叶宽条形至条状披针形，背面呈龙骨状，基部宽 1 ～ 5 厘米或更宽，深绿色，常具白粉。花葶圆柱状，实心，伞形花序球状，无珠芽，具多而密集花，花白色至淡紫色，子房卵球状，花柱伸出花被外，总苞单侧开裂，具长喙，早落。花果期 5 ～ 7 月。(图 4-28)

图 4-27　洋葱

图 4-28　韭葱

大葱（拉丁学名：*Allium fistulosum* L. var. *giganteum* Makino），又名葱、青葱、事菜，为百合科葱属多年生草本植物，是葱的一种。原产于西伯利亚。根白色，弦线状，侧根少而短。茎极度短缩呈球状或扁球状，单生或簇生，外皮白色，膜质，不破裂。上部着生多层管状叶鞘，下部密生须根。大葱花茎粗壮，中空不分枝。花着生于花茎顶端，两性花，异花授粉。果实为蒴果，成熟时易开裂。种子盾形，黑色。（图 4-29）

分葱（拉丁学名：*Allium ascalonicum* L. var. *caespitosum* Makino），又名火葱、红葱头、细香葱、香葱、四季葱、大头葱、珠葱、朱葱、绵葱，为百合科葱属中葱的一个变种，多年生草本植物。原产于中国西部，亚洲西部叙利亚一带。株高约 20 ~ 30 厘米，叶绿色，圆筒形，中空，先端渐尖。花为伞形花序，小花白绿色，聚生成团，鳞茎基部易连生，群生状，成熟时外被红色薄膜。分株繁殖，分株的时间：春季 4 月初至 6 月底左右，秋季 8 月上旬至 12 月底。（图 4-30）

藠头（拉丁学名：*Allium chinense* G.），又名藠子、藠白、野藠、狮子葱，为百合科葱属多年生草本植物，薤白的亚种。株高 45 ~ 55 厘米，分蘖性强，一个鳞茎可分蘖成 15 ~ 20 个，多的可达 50 个，鳞茎数枚聚生，狭卵状，鳞茎外皮白色或带红色，膜质，不破裂。叶圆柱状，中空、细长。伞形花序近半球状，较松散，花淡紫色至暗紫色，花被片宽椭圆形至近圆形，顶端钝圆。花果期为 10 ~ 11 月。（图 4-31）

图 4-29　大葱

图 4-30　分葱

胡葱（拉丁学名：*Allium ascalonicum* L.），又名蒜头葱、瓣子葱、干葱、冬葱、回回葱等，为百合科葱属二年生草本植物。原产中亚。鳞茎细长，纺锤形，外被赤色小鳞膜。冬季生叶，夏季枯萎，叶圆筒形，绿色，先端尖。伞形花序，顶生，花茎中空，花黄白色。极少结果，果为蒴果。种子黑色，圆三角形。花期 3～4 月。(图 4-32)

图 4-31　藠头

图 4-32　胡葱

收集方法：韭菜可进行有性繁殖和无性繁殖，因此既可以收集成熟的种子，又可以收集根茎(老蔸子)。韭菜收集种子样品200克，根茎样品8～10蔸老蔸子。洋葱和大葱收集成熟的种子样品200克。韭葱、胡葱、藠头和大蒜以鳞茎繁殖为主，每个鳞茎样品收集8～10个。胡葱除了收集鳞茎，还可以收集成熟的种子。分葱能分株繁殖，可以收集带根的植株，从5～10株上取样，每个样品20～30株，又可以鳞茎繁殖，可以收集成熟的葱头，每个鳞茎样品8～10个。蒜头和葱头都要保持干燥，否则易长霉，影响发芽。蒜头、葱头和藠头可以用30～40目纱网袋装，种子干燥后装入纸袋或60目纱网袋中保存。葱蒜类蔬菜在生长季节时，还可以收集活株，每个样品20～30株，根系需带泥土，作保湿处理，并尽快寄往湖南省农科院。

六、茄果类

茄果类包括辣椒、茄子和番茄，喜温怕寒，忌霜冻，是夏季的主要蔬菜。

辣椒（拉丁学名：*Capsicum annum* L.），又名牛角椒、长辣椒、番椒、番姜、海椒、辣子、辣角、秦椒等，为茄科辣椒属一年生或多年生草本植物。原产于中南美洲热带地区。辣椒根系不发达，主根粗，根量少，根系生长缓慢，直到2～3真叶时才有较多二次侧根。茎近无毛或微生柔毛，分枝性强。叶互生，枝顶端节不伸长而呈双生或簇生状，矩圆状卵形、卵形或卵状披针形，全缘，顶端短渐尖或急尖，基部狭楔形。花单生，俯垂，花萼杯状，不显著5齿，花冠白色，裂片卵形。果梗较粗壮，俯垂，果实长指状，顶端渐尖且常弯曲，未成熟时绿色，成熟后呈红色、橙色或紫红色，味辣。种子扁肾形，微皱，淡黄或乳白色。种子寿命一般为5～7年，但使用年限仅为2～3年。(图4-33)

茄子（拉丁学名：*Solanum melongena* L.），又名落苏、酪酥、昆仑瓜、矮瓜，为茄科茄属一年生草本植物，热带为多年生。原产亚洲热带地区。茄子根系发达，由主根和侧根组成。主根在不受损害情况下，能深入土中1.3～1.7米，横向伸展1～1.3米，主要根群分布在33厘米土层中。但根系木质化较早，不定根发生能力弱。茎较粗壮，能够直立，栽培一般不搭架。单叶互生，叶片较大而有茸毛，茎、叶柄、叶片的颜色与果实的颜色有相关性。花为两性花，紫色或白色，自花授粉，果实颜色多为紫红色、紫色、紫黑色，也有淡绿色或白色品种，形状长形、圆形、椭圆形和梨形等。种子肾形，黄色，千粒重 3.5 ~ 4.5 克，花果期夏、秋季。茄子可分为三个变种：①圆茄：植株高大，果实大，圆球、扁球或椭圆球形，中国北方栽培较多。②长茄：植株长势中等，果实细长棒状，中国南方普遍栽培。③矮茄：植株较矮，果实小，卵形或长卵形。(图 4-34)

图 4-33　辣椒

图 4-34　茄子

番茄（拉丁学名：*Lycopersicon esculentum* Mill.），又名番柿、六月柿、西红柿、洋柿子、毛秀才、爱情果、情人果、狼桃，为茄科番茄属一年生或多年生草本植物。原产于中美洲和南美洲。根系发达，再生能力强，主要根群分布在 30 ~ 50 厘米的土层中。茎部易生不定根。奇数羽状复叶或羽状深裂，互生，卵形或长圆形，边缘有不规则锯齿或裂片。花为两性花，黄色，自花授粉，复总状花序。果实为浆果，扁球状或近球状，肉质而多汁，橘黄色或鲜红色，光滑。种子扁平、肾形，灰黄色，千粒重 3 ~ 3.3 克，寿命 3 ~ 4 年。花果期夏、秋季。(图 4-35，图 4-36)

收集方法：茄果类蔬菜以种子繁殖后代，可以收集成熟的果实，后熟 7 ~ 10 天后取籽。辣椒收集红椒取籽晒干。茄子和番茄种子可以水洗，晒干后装入 40 目纱网袋中或纸袋中。每个样品数量 200 克。生长季节，可以挖取活体植株，根部须带土团，并用塑料袋包住根部。小苗可移栽入营养钵中，每个样品数量 20 ~ 30 株，系好标签，并尽快寄往湖南省农科院。

图 4-35 普通番茄

图 4-36 樱桃番茄

七、瓜类

瓜类包括黄瓜、南瓜、冬瓜、丝瓜、苦瓜、瓠瓜、西瓜、甜瓜等。

黄瓜（拉丁学名：*Cucumis sativus* L.），又名胡瓜、青瓜、刺瓜、王瓜、勤瓜、唐瓜、吊瓜，为葫芦科黄瓜属一年生蔓生或攀援草本植物。原产地为印度，后传入中亚，中国各地普遍栽培，现广泛种植于温带和热带地区。黄瓜的根系分布较浅而弱，主要根群分布在25厘米表土层内，侧根横向伸展，集中在植株周围30厘米范围内。茎蔓伸长，有棱沟，被白色的糙硬毛，卷须细，具白色柔毛。叶柄稍粗糙，叶片宽卵状心形，有齿。雌雄同株，雄花常数朵在叶腋簇生，花梗纤细，花冠黄白色，裂片长圆状披针形，雌花单生或稀簇生。果实长圆形或圆柱形，颜色油绿或翠绿，表面有柔软的小刺。种子小，狭卵形，白色，无边缘，两端近急尖。花果期夏季。（图 4-37）

南瓜（拉丁学名：*Cucumis moschata* D.），又名饭瓜、番南瓜、番瓜、倭瓜、北瓜、笋瓜、方瓜、麦瓜、金瓜，为葫芦科南瓜属一年生蔓生草本植物。原产中美洲一带，世界各地普遍栽培。种类包括美洲南瓜（西葫芦）、中国南瓜、印度南瓜（笋瓜）、墨西哥南瓜和黑籽南瓜等。根系发达，茎蔓生，一般长达 2 ～ 5 米，密被白色短刚毛，节部常生根。叶柄粗壮，叶形五裂或带心脏形，叶面有白斑纹。雌雄同株异花，雄花单生，花冠黄色，钟状。果实纺锤形或葫芦形，先端多凹陷，表面光滑或有瘤状突起和纵沟，果色有橙色、橙红色、黄色、白色、双色混合等，果形有圆、扁圆、长圆，未成熟果实绿色或白绿色。种子卵形或椭圆形，长 1.5 ～ 2 厘米，灰白色或黄白色，边缘薄。花期 5 ～ 7 月，果期 7 ～ 9 月。(图 4-38)

图 4-37　黄瓜

图 4-38　南瓜

冬瓜（拉丁学名：*Benincasa hispida* Cogn.），又名东瓜、枕瓜、白冬瓜、水芝、地芝、白瓜、濮瓜，为葫芦科冬瓜属一年生草本植物。原产我国南部及印度，我国南北各地均有栽培，主要供应季节为夏秋季。冬瓜根系发达，茎上有卷须和茸毛，能爬蔓。叶大、稍圆掌状浅裂，表面有毛。花黄色。果实球形、扁圆或长圆柱形，大小因品种而不同。果实表面有毛和白粉，皮深绿色，肉肥白。种子白色、扁平，有些具狭翼状边缘。(图 4-39)

丝瓜 [拉丁学名：*Luffa cylindrica* (L.) Roem]，又名天罗、绵瓜、布瓜、天络瓜，为葫芦科丝瓜属攀援草本植物。原产于印度，在东亚地区被广泛种植。丝瓜根系强大。茎蔓性、五棱、绿色，主蔓和侧蔓生长都繁茂，茎节具分枝卷须，易生不定根。叶掌状或心脏形，被茸毛。雌雄异花同株，花冠黄色，雄花为总状花序，雌花单生，子房下位，第一雌花发生后，多数茎节能发生雌花。普通丝瓜的果实为瓠果，短圆柱形或长棒形，无棱，表面粗糙并有数条墨绿色纵沟，有棱丝瓜的果实棒形，表皮绿色或墨绿色，有皱纹，具 7 条棱。种子椭圆形，普通丝瓜种皮较薄而平滑，有翅状边缘，黑、白或灰白色，有棱丝瓜种皮厚而有皱纹，黑色，千粒重 100 ~ 180 克。(图 4-40)

图 4-39 冬瓜

图 4-40 丝瓜

苦瓜（拉丁学名：*Momordica charantia* L.），又名凉瓜、癞瓜、锦荔枝等，为葫芦科苦瓜属一年生攀援状柔弱草本植物。苦瓜起源于热带，广泛栽培于世界热带到温带地区，中国南北均普遍栽培。根系发达，侧根较多，根群分布范围在 1.3 米以上。茎为蔓性，五棱形，分枝力特强。叶片轮廓卵状肾形或近圆形，上面绿色，背面淡绿色，脉上密被明显的微柔毛，叶脉掌状。花小，黄色，雌雄同株。果实纺锤形或圆柱形，表面具有多数不整齐瘤状突起。种子长圆形，淡黄色、黑色，种皮厚，具红色假种皮，两端各具 3 小齿，两面有刻纹。花果期 5 ~ 10 月。(图 4-41)

瓠瓜 [拉丁学名：*Lagenaria siceraria* (Molina) Standl.]，又名瓠子、扁蒲、葫芦、夜开花，为葫芦科葫芦属一年生蔓性草本植物。原产印度和非洲，在中国广泛分布，南方为主。瓠瓜为浅根系，侧根发达，主要分布在表土 20 厘米内。茎为蔓生，中空，上被白色茸毛，蔓长 3 ~ 4 米或以上，卷须分叉，分枝力强，茎节易生不定根。单叶互生，心形或肾形，密生白色茸毛，叶大而薄，颇柔软，蒸腾量大。

花为雌雄同株，单花腋生，花大白色，花柄甚长。果实为瓠果，有长棒形、长筒形、短筒形、扁圆形或束腰形状，嫩果果皮淡绿色，果肉白色而柔嫩。种子卵形或长卵形，扁平，千粒重 125 克左右。(图 4-42)

图 4-41　苦瓜

图 4-42　瓠瓜

西瓜 [拉丁学名：*Citrullus lanatus* (Thunb.) Matsum Nakni]，又名夏瓜、寒瓜等，属葫芦科西瓜属一年生草本植物。原产于非洲，湖南全省均有分布。西瓜主根深度在 1 米以上，根群主要分布在 20 ～ 30 厘米的土层内。幼苗茎直立，4 ～ 5 叶后节间伸长，5 ～ 6 叶后匍匐生长，分枝性强，可形成 3 ～ 4 级侧枝。叶互生，有深裂、浅裂和全缘。雌雄异花同株，开花盛期可出现少数两性花。花冠黄色，虫媒花。果实有圆球、卵形、椭圆球、圆筒形等，果面平滑或具棱沟，表皮绿白、绿、深绿、墨绿、黑色，间有细网纹或条带，果肉有乳白、淡黄、深黄、淡红、大红等色。种子扁平、卵圆或长卵圆形，平滑或具裂纹，种皮白、浅褐、褐、黑或棕色，单色或杂色。(图 4-43)

甜瓜（拉丁学名：*Cucumis melo* L.)，又名香瓜、菜瓜等，是葫芦科甜瓜属一年生蔓生草本植物。中国是甜瓜的起源地，湖南全省均有分布。甜瓜根系为须根系，主根深达 1 米以上，侧根分布直径 2 ～ 3 米，多数根分布在 30 厘米以内的耕层中。茎圆形，有棱，被短刺毛，放任生长的主茎长达 1 ～ 5 米。单叶互生，叶片近圆形或肾形，全缘或五裂，被毛，叶缘波纹或锯齿状。花为单性，雌雄同株，雄花数朵簇生于叶腋，雌花单生。果实通常为球形或长椭圆形，果皮平滑，有纵沟纹或斑纹，无刺状突起，果肉白色、黄色或绿色，有香甜味。种子污白色或黄白色，卵形或长圆形，先端尖，基部钝，表面光滑，无边缘。一般 3 ~ 4 月播种，6 ~ 7 月成熟。(图 4-44)

图 4-43　西瓜

图 4-44　甜瓜

收集方法：瓜类蔬菜以种子繁殖后代，可以收集成熟的果实，后熟 5 ~ 7 天后取籽。每个样品数量 200 ~ 500 克。但佛手瓜是用果实作种繁殖后代的，可以收集成熟果实，每个样品数量 8 ~ 10 个。果实用 30 ~ 40 目的纱网袋装。瓜类可以水洗取种，因种子大，晒干后可以装入 30 ~ 40 目纱网袋或纸袋中保存。生长季节，可以收集 2 ~ 3 片真叶的小苗，移栽入营养钵中，每个样品数量 20 ~ 30 株。系好标签，并尽快寄往湖南省农科院。

八、豆类

豆类包括豇豆、菜豆、扁豆、豌豆、四棱豆等。

豇豆 [拉丁学名：*Vigna unguiculata* (Linn.) Walp]，又名豆角、姜豆、带豆，为豆科豇豆属一年生缠绕草本植物。原产于印度和缅甸，主要分布于热带、亚热带和温带地区。豇豆根系较发达，主根深达 50 ~ 80 厘米，根上生有粉红色根瘤。茎有矮性、半蔓性和蔓性三种，南方栽培以蔓性为主，矮性次之。三出羽状复叶，叶腋间可抽生侧枝和花序，陆续开花结荚。总状花序腋生，具长梗，先端着生 2 ~ 4 对花，白、红、淡紫色或黄色。荚果细长，因品种而异，长 30 ~ 70 厘米，内有

种子多颗。种子长椭圆形、圆柱形或肾形，有红、黑、红褐、红白和黑白双色籽等。花期 5 ～ 8 月。(图 4-45)

菜豆（拉丁学名：*Phaseolus vulgaris* Linn.)，又名芸豆、四季豆、白肾豆、架豆、玉豆等，为豆科菜豆属一年生缠绕或近直立草本植物。原产美洲的墨西哥和阿根廷，我国在 16 世纪末才开始引种，适宜在温带和热带高海拔地区种植，比较耐冷喜光。菜豆根系发达，根群主要分布在 15 ～ 40 厘米的土层内。茎被短柔毛或老时无毛。三出羽状复叶，绿色，互生，心形。花为蝶形花，总状花序，花梗长 15 ～ 18 厘米。花期春夏。(图 4-46)

图 4-45　豇豆

图 4-46　菜豆

扁豆 [拉丁学名：*Lablab purpureus*（Linn.）Sweet]，又名火镰扁豆、皮扁豆、白扁豆、藤豆、沿篱豆、鹊豆、查豆、月亮菜、膨皮豆、藊豆，为豆科扁豆属多年生缠绕藤本植物。可能原产印度，我国各地广泛栽培。根系发达，侧根多，吸收水分、养分能力强。茎蔓生，有短蔓和长蔓两种。总状花序直立，花 2 至多朵簇生于每一节上，花冠白色或紫色。荚果长圆状镰形，扁平，直或稍向背弯曲，顶端有弯曲的尖喙，基部渐狭。种子 3 ～ 5 颗，扁平，长椭圆形，白色或紫黑色，种脐线形。花期 4 ～ 12 月。(图 4-47)

豌豆（拉丁学名：*Pisum sativum* L.)，圆身的又名蜜糖豆、蜜豆、甜豆，扁身的又名麦豌豆、寒豆、麦豆、毕豆、麻累、国豆、青豆、小寒豆、淮豆、麻豆、青小豆、留豆等，为豆科豌豆属一年生或二年生攀援草本植物。起源于数千年前的亚洲西部、地中海地区和埃塞俄比亚、小亚细亚西部，外高加索全部。豌豆根上生长着大量侧根，主根、侧根均有根瘤。茎有高矮之分，全株绿色，光滑无毛，被粉霜。偶数羽状复叶，具小叶 4 ～ 6 片，叶状心形，下缘具细牙齿，小叶卵圆形，全缘，托叶卵形。花白色或紫红色，单生或 1 ～ 3 朵排列成总状腋生，花柱内侧有须毛，花瓣蝴蝶形。荚果肿胀，长椭圆形。种子 2 ～ 10 颗，呈圆形、圆柱形、椭圆、扁圆、凹圆形，多为青绿色，也有黄白、红、玫瑰、褐、黑等颜色，有皱纹或无，干后变为黄色。花果期 4 ～ 5 月。(图 4-48)

图 4-47 扁豆

图 4-48 豌豆

四棱豆 [拉丁学名：*Psophocarpus tetragonolobus* (L.) DC]，又名翼豆、四角豆、翅豆、杨桃豆、热带大豆、果阿豆、尼拉豆、皇帝豆、香龙豆等，为豆科四棱豆属一年生或多年生草本植物。原产热带，已有近 4 个世纪的栽培历史，主要分布于东南亚及西非地区。根系发达，有较多根瘤，固氮能力强。茎蔓生，高达 3 ～ 4 米，分枝性强，枝叶繁茂。茎光滑无毛，绿色或绿紫色，横断面近圆形。叶为三出复叶，互生，小叶呈阔卵圆形，全缘，顶端急尖。花为腋生总状花序，花较大，花冠紫蓝色。荚果四棱状，棱缘翼状，有疏锯齿，颜色有绿色或紫色等，老熟后深褐色，荚长 10 ～ 70 厘米，一般为 20 厘米。种子卵圆形，光滑，种皮有白色、黄色、褐色、黑褐色和黑色等。

收集方法：豆类蔬菜以种子繁殖后代，可以收集成熟的豆荚，晒干后取籽。豆类种子大，可用 30 ~ 40 目的纱网袋装。每个样品数量 500 克。豆类蔬菜，一般于 3 月播种育苗，7 ~ 8 月采收种子。但豌豆、蚕豆一般 10 月下旬至 11 月中旬播种，5 ~ 6 月收种子。

九、薯芋类

薯芋类包括生姜、芋头、山药等多种，均以变态的地下器官（块茎、块根、根茎、球茎）供食用，可无性繁殖。

生姜（拉丁学名：*Zingiber officinale* Rosc.），又名姜根、百辣云、勾装指、因地辛、炎凉小子、鲜生姜、蜜炙姜，为姜科姜属多年生草本植物。原产于东南亚的热带地区。根茎肉质肥厚，扁平，有芳香和辛辣味。叶子披针形至条状披针形，平滑无毛，有抱茎的叶鞘，无柄。花茎直立，被以覆瓦状疏离的鳞片，穗状花序卵形至椭圆形，苞片卵形，淡绿色，花冠黄色，唇瓣较短，长圆状倒卵形，呈淡紫色，有黄白色斑点。蒴果长圆形。4 月上中旬催芽播种，花期 6 ~ 8 月，10 ~ 11 月收种姜。(图 4-49)

芋头 [拉丁学名：*Colocasia esculenta*（L.）Schott]，又名芋、芋艿，为天南星科多年生、湿生草本植物，作一年生植物栽培。起源于印度和马来西亚、中国南部等亚洲热带地区，现在世界上的栽培面积以中国最大，主要分布于珠江流域及台湾省，其次是长江及淮河流域。根系较浅。地下有卵形至长椭圆形的块茎，褐色，具纤毛。叶基生，叶身阔大，质厚，卵状广椭圆形，长约 30 ~ 50 厘米，绿色，平滑。花茎 1 ~ 4 枚，自叶鞘基部抽出，各生一肉穗花序，顺次开放，长约 30 厘米，肉穗花序在苞内呈椭圆形，上部生多数黄色雄花，下部生绿色雌花，中性花位于中部。3 月播种，花期 8 月，10 ~ 11 月采收种芋。(图 4-50)

山药（拉丁学名：*Spinacia oleracea* L.），又名薯蓣、大薯、山薯蓣、怀山药、淮山、白山药，为薯蓣科山药属缠绕草质藤本植物。其野生种在中国和东南亚都有分布，我国南方是山药重要的原产地和驯化中心，其栽培历史在 2 000 年以上。山药的根有两种类型：一种是吸收根，分布于土壤表层；另一种是块根，有棍棒状、掌状和块状等多种形态，表面粗糙或光滑，其上密生须根，是主要的食用部分。茎蔓性，右旋性缠绕，圆形或多棱形，且有棱翼。叶互生或对生，叶片心形或三角状卵形，有长叶柄，多数为单叶。花生于叶腋，淡黄色、棕色或白色，穗状花序，雌雄异株。果为蒴果。花期 6 ～ 9 月，果期 7 ～ 11 月。

图 4-49　生姜

图 4-50　芋头

收集方法：薯芋类蔬菜以变态的地下器官（块茎、块根、根茎、球茎）繁殖后代，可在其成熟期收集块茎、块根、根茎、球茎作种，每个样品数量球茎 8 ～ 10 个，块茎、块根、根茎收集 15 ～ 20 个。适当晾干后，用 30 ～ 40 目的大纱网袋装，外面再套一个塑料袋保湿。

十、多年生蔬菜

多年生蔬菜包括黄花菜、石刁柏等。这类蔬菜一般多采用无性繁殖，但有些种类也可采用种子繁殖，如石刁柏。

黄花菜（拉丁学名：*Hemerocallis citrina* Baroni），又名金针菜、柠檬萱草、萱草、萱草花、忘忧草、健脑菜、安神菜、绿葱花，为百合科萱草属多年生草本植物。原产欧亚，我国是原产地之一。根簇生近肉质，中下部常有纺锤状膨大。叶基生，狭长带状，下端重叠，向上渐平展。花茎自叶腋抽出，茎顶分枝开花，有花数朵，大，花被淡黄色、橘红色、黑紫色，漏斗形，花被 6 裂。蒴果，革质，椭圆形。种子黑色光亮。花果期 5 ～ 9 月。（图 4-51）

石刁柏（拉丁学名：*Asparagus officinalis* L.），又名芦笋、龙须菜、青芦笋等，为天门冬科天门冬属多年生草本植物。原产于地中海东岸及小亚细亚，至今欧洲、亚洲大陆及北非草原和河谷地带仍有野生种。芦笋是深根性植物，须根系，大部分根群分布于 1 ～ 2 米土层内，最长可达 3 米，吸收能力极强。芦笋茎分地下茎和地上茎，地下茎发生于根与茎的连接处，在土中沿水平方向延伸，生长速度极为缓慢。地上茎由种子萌芽或鳞芽发育产生，在幼嫩时采收即得到芦笋。雌雄异株，虫媒花，花小，钟形，萼片及花瓣各 6 枚。雄花淡黄色，雌花绿白色。果实为浆果，球形，幼果绿色，成熟果赤色。种子黑色，千粒重 20 克左右。（图 4-52）

图 4-51　黄花菜

图 4-52　石刁柏

鸭脚板（拉丁学名：*Cryptotaenia japonica* Hassk.），又名鸭儿芹、野蜀葵、脚板三叶芹、水蒲莲、六月寒、起莫、三石、当田、赴鱼、水白芷、大鸭脚板、鸭脚板草、红鸭脚板、牙痛草、鸭脚菜、梭丹子、鸭脚掌等，为伞形科鸭儿芹属多年生宿根草本植物。原产中国，全国均有分布，在低山林边、沟边、田边、溪边、湿地和沟谷草丛等阴湿处常可见到，为野生蔬菜。须根多数，簇生。株高 30 ～ 90 厘米，茎具叉状分枝。基生叶及茎下部叶为三出复叶，呈三角形，叶缘有规则尖锐重锯齿；茎生叶为披针状，无叶柄。花序为复伞形花序，较疏散，花白色。双悬果，条状短圆形或卵状短圆形。种子黑色，长纺锤形，有纵沟。在高温干燥条件下生长不良，易老化。种子为需光性发芽类型，植株生长最适温

度为 15 ～ 22℃。花期 6 ～ 7 月，果期 8 ～ 9 月。(图 4-53)

阳荷（拉丁学名：*Zingiber striolatum* Diels），又名野姜、猴姜、瓣姜、嘉草、芋渠、阳藿、山姜、观音花、野老姜、土里开花、野生姜、莲花姜，为姜科姜属多年生草本植物。株高 1 ～ 1.5 米。根茎白色，微有芳香味。叶片披针形或椭圆状披针形，长 25 ～ 35 厘米，宽 3 ～ 6 厘米，顶端具尾尖，基部渐狭，叶背被极疏柔毛至无毛，叶舌膜质，具褐色条纹。花序近卵形，苞片红色，宽卵形或椭圆形，花冠管白色，裂片长圆状披针形，白色或稍带黄色，有紫褐色条纹，唇瓣倒卵形，浅紫色，花丝极短，花药室披针形。蒴果长 3.5 厘米，熟时开裂成 3 瓣，内果皮红色。种子黑色，被白色假种皮。花期为 7 ～ 9 月，果期为 9 ～ 11 月。(图 4-54)

图 4-53　鸭脚板

图 4-54　阳荷

收集方法：多年生蔬菜中的黄花菜、石刁柏的繁殖方法有分株繁殖和种子繁殖两种。因此，可以收集其种株的地下茎（需带一些地上茎），每个样品数量 15 ～ 20 个；也可以收集其种子，每个样品数量 200 克。地下茎适当晾干后，用 30 ～ 40 目的大纱网袋装，外面再套一个塑料袋保湿。种子晒干后装入 60 目的纱网袋或纸袋中。

十一、水生蔬菜

水生蔬菜包括莲藕、茭白、水芹、荸荠、豆瓣菜等。这类蔬菜虽能开花结果，但实生苗生长缓慢且易出现后代分离，不整齐，故多以无性器官为繁殖材料。

莲藕（拉丁学名：*Nelumbo nucifera* G.），又名藕、藕节、湖藕、塘藕、果藕、菜藕、水鞭蓉、荷藕，为睡莲科莲属多年生水生宿根草本植物。原产于印度，后来引入中国，在中国的山东、河南、河北等地均有种植。按莲藕的功能分为籽莲、藕莲和花莲。根系多分布较浅，长势弱，根系再生能力弱。茎为地下茎，生长后期，莲鞭先端数节的节间明显膨大变粗，成为供食用的藕，形状肥大有节，内有管状小孔。叶为大型单叶，从茎的各节向上抽生，具长柄，叶片开始纵卷，以后展开，近圆形，全缘，绿色，上被蜡粉。花单生，花冠由多瓣组成，两性花。果实通称“莲蓬”，其中分散嵌生的莲子，是真正的果实，属小坚果，内具种子一粒。3月中下旬至4月上旬播藕种，7月下旬至翌年4月中旬采收。（图 4-55）

茭白［拉丁学名：*Zizania latifolia*（Griseb.）Turcz. ex Stapf.］，又名高瓜、高笋、菰笋、菰手、菰瓜、茭笋、水笋、茭瓜、雕胡、篙芭，为禾本科菰属多年生挺水型水生草本植物。原产我国及东南亚，分为双季茭白和单季茭白（或分为一熟茭和两熟茭）。根为须根，在分蘖节和匍匐茎的各节上环生，长 20 ～ 70 厘米，粗 2 ～ 3 毫米，主要分布在地下 30 厘米土层中，根数多。根状茎，地上茎可产生多次分蘖，形成蘖枝丛，秆直立，粗壮，基部有不定根，主茎和分蘖枝进入生殖生长后，基部如有茭白黑粉菌寄生，则不能正常生长，形成椭圆形或近圆形的肉质茎。叶鞘长而肥厚，互相抱合形成“假茎”。圆锥花序大，多分枝。颖果圆柱形，长约 10 毫米。3月底4月初挖取种墩分苗寄植，7月上旬定植，10月至11月中旬采收。（图 4-56）

水芹［拉丁学名：*Oenanthe javanica*（Blume）DC.］，又名水英、细本山芹菜、牛草、楚葵、刀芹、蜀芹、野芹菜等，为伞形科水芹菜属多年生水生宿根草本植物。原产亚洲东部，分布于中国长江流域、日本北海道、印度南部、缅甸、越南、马来西亚、爪哇及菲律宾等地。茎直立或基部匍匐。基生叶有柄，基部有叶鞘，叶片轮廓三角形，1 ～ 3 回羽状分裂，末回裂片卵形至菱状披针形，边缘有牙齿或圆齿状锯齿；茎上部叶无柄，裂片和基生叶的裂片相似，较小。复伞形花序顶生，花瓣白色，倒卵形。果实近于四角状椭圆形或筒状长圆形。8月种茎催芽，9月定植，11月至第二年3月采收。（图 4-57）

图 4-55 莲藕

（武汉市水生蔬菜所 提供）

图 4-56 茭白

荸荠 [拉丁学名：*Eleocharis dulcis* (Burm.f.)Trin.ex Henschel]，又名乌芋、马蹄、水栗、地栗、菩荠、黑三棱、通天草、皮丘、钱葱、慈姑、蒲箕、马荠、蒲秋、蒲栗子等，为莎草科荸荠属浅水性宿根草本植物。原产印度，中国主要分布于广西、江苏、安徽、浙江、广东、湖南、湖北、江西等低洼地区。匍匐根状茎细长，末端膨大成扁圆形球状，直径约 4 厘米，黑褐色。地上茎圆柱形，高达 75 厘米，丛生，不分枝，中空，具横隔，表面平滑，色绿。叶片退化，叶鞘薄膜质，鞘口斜形，易脱落。穗状花序，顶生，淡绿色，花数多或多数。小坚果呈双凸镜形，长约 2.5 毫米。4 月上旬用球茎育苗，7 月定植，12 月中下旬收获。

豆瓣菜（拉丁学名：*Nasturtium officinale* R. Br.)，又名西洋菜、水田芥、凉菜、耐生菜、水芥、水焯菜等，为十字花科豆瓣菜属多年生水生草本植物。原产欧洲，中国、印度和东南亚很多地区种植。株高 20 ～ 40 厘米，全体光滑无毛。羽状复叶，小叶片 3 ～ 9 枚，宽卵形、长圆形或近圆形，小叶柄细而扁，叶柄基部呈耳状，略抱茎。总状花序顶生，花多数，萼片长卵形，花瓣白色。长角果圆柱形而扁，果柄纤细。8 月播种，苗期保持湿润，9 月苗高 15 ～ 20 厘米后便可割取嫩茎移植。(图 4-58)

图 4-57　水芹

图 4-58　豆瓣菜

（武汉市水生蔬菜所 提供）

收集方法：莲藕以地下茎藕作为繁殖器官，可于采收季节收集种藕，注意种藕要有 2 ～ 3 个藕节，最好用整支藕作种，不要折断。每个样品种藕 15 ～ 20 支。茭白是用分株方法进行繁殖的，可以选择收集当年株形整齐，孕茭早，结茭多，茭肉肥大，茭形好看，结茭部位低，且成熟一致，无雄茭、灰茭，无壳里青、畸形茭的茭墩留种。每个样品茭墩 15 ～ 20 个。荸荠是用球茎繁殖的，因此，可以在采收季节收集荸荠的球茎作种。注意采种时不要挖伤球茎，采回后要用泥土覆盖保存，否则易长霉腐烂。每个样品球茎 15 ～ 20 个。豆瓣菜在南方地区不易采收种子，大都用嫩茎或老茎繁殖。盛夏后，收集萌发了新芽的老茎作种。每个样品老茎 15 ～ 20 条。或在生产田中割取长约 15 厘米的植株上部嫩茎苗，作扦插苗。每个样品 20 ～ 30 根。水芹茎基部有匍匐茎，可以收集带根的水芹匍匐茎繁殖后代。每个样品 15 ～ 20 条。水生蔬菜都要用塑料袋装作保湿处理。

第五章　果树、茶树种质资源的普查与收集

第一节　湖南省果树、茶树资源创新与生产利用

一、果树资源创新与生产利用

1976年，中国著名园艺专家湖南省农业科学院园艺研究所贺善文研究员发表的《柑橘类种质资源中心问题初步探讨》一文中，证实了我国南岭山脉为宽皮橘类起源中心之一。20世纪80年代末至90年代初，发现柑橘属两个新品种——道县野橘和莽山野橘，并对其进行了较为深入的亲缘研究，1995年获得湖南省科技进步二等奖。在此基础上，湖南省果树科研相关机构通过多年实行营养系选种、实生选种和引种筛选，选育出优良品种（株系）31个（含特早熟温州蜜柑3个，早熟温州蜜柑4个，脐橙8个，地方甜橙5个，椪柑6个，柚3个，加工品种2个），其中冰糖橙果实风味浓郁纯甜，在洪江、芷江、麻阳和永兴等县区大力推广，总面积超过40万亩，同期还被引种到贵州、云南等地。湘西自治州泸溪县浦市镇的浦市甜橙，至今有1 000多年的栽培历史，其果形端美、皮色艳红、果肉化渣，当地农业技术部门和农户共同选育出的“无核甜橙”和“解放10号”，是加工果汁和罐头的良好原料，在1977年全国柑橘良种评比会上被列为“全国十大柑橘优良品种”之一，目前已在湘西多地推广栽培。此外，怀化无核大红甜橙、溆浦长形甜橙和靖州血橙在怀化和湘西多地进行栽培，成为当地特色的柑橘产品。湖南农业大学邓子牛、省农业厅廖振坤等致力于柑橘高效转基因技术体系研究及优异种质的创新利用、抗柑橘溃疡病基因的构建及获得抗病种质，主持的“柑橘优异种质创新及特色品种的选育与推广”项目于2009年获得湖南省科技进步一等奖。

湖南省果树野生种质资源如浏阳、蓝山和桂东的金柑，黔阳、慈利、大庸的

柚子，湘西和湘西南的野生猕猴桃、刺葡萄、木通、刺梨，湘西南的山核桃，都得到了大力开发利用。从果树野生资源中驯化、自然变异选育了大量的柑橘、猕猴桃、葡萄、梨、桃、杨梅等主要果树栽培品种，如“米良1号”、“丰悦”、“楚红”、“翠玉”等猕猴桃品种和酿酒刺葡萄品种，黔阳冰糖橙、无核椪柑，湘西早蜜椪柑，靖州木侗杨梅，保靖阳冬梨，怀化金秋梨等优良品种，这些丰富的果树种质资源为湖南省果树产业的发展奠定了基础。此外，莽山野橘和道县野橘等野生资源的发现和研究，为奠定湖南省世界柑橘起源中心之一的地位发挥了重要作用。

近年来，湖南水果产业发展迅速，全省果树种植总产值超过300亿元，已经成为湖南农村，特别是湘西、湘西南武陵片区和湘东罗霄片区农村的重要支柱产业，是农民脱贫致富的主要经济来源。据湖南省农业委员会统计，2014年湖南省水果种植面积达56.2万公顷，产量574万吨，其中柑橘产量达到479万吨，包括蜜橘、椪柑、甜橙、冰糖橙、脐橙、柚类和少量杂柑类品种。湖南省通过多年的优势区域化产业布局，形成了两带三基地的产业格局：湘南鲜食脐橙与加工甜橙产业带、湘西宽皮柑橘优势产业带；麻阳、永兴的冰糖橙，江永香柚，浏阳金柑三大特色产业基地。其中洞口和石门的蜜橘，泸溪椪柑，黔阳、麻阳、永兴冰糖橙，道州脐橙，江永香柚等地域品牌享誉国内外。其他水果主要有梨、桃、葡萄、杨梅、猕猴桃、枣和柿，总产量约为100万吨，其中梨产量15.4万吨，桃12.7万吨，葡萄13.2万吨，杨梅14万吨，猕猴桃6.4万吨，枣和柿分别为2万吨左右。坚果主要包括核桃、山核桃和板栗，种植面积180万亩，产量12.2万吨，其中核桃1.5万吨，主要分布在武陵山脉的湘西自治州、怀化市、邵阳市的多个县市海拔较高的山区，包括大量野生的核桃和农家栽培品种。山核桃主要分布在怀化市的靖州县、通道县及周边邵阳市的绥宁县和城步县，其中靖州县近年来将山核桃打造成靖州县的特色产业，全县山核桃约0.67万公顷，产量将近1万吨，产值达1.5亿元以上。板栗的适应性较广，全省各地均有栽培，因板栗的栽培管理方法较为简易，产量较高、耐储存，因此农户的种植积极性较高，当前板栗栽培面积超过6.67万公顷，产量达到9.7万吨，且逐年增长。

二、茶树资源创新与生产利用

从20世纪50年代开始，湖南省对江华苦茶、汝城白毛茶、城步峒茶、云台山种、保靖黄金茶等地方群体资源进行了生态环境观察及生化成分分析，并对一些优良群体的单株展开了生物性状和经济性状研究，挖掘了40多个地方品种，审定（登记）茶树良种31个,其中国家级茶树良种7个,省级茶树良种24个（表5-1）。保靖黄金茶1号、黄金茶2号、槠叶齐、碧香早、茗丰、白毫早、桃源大叶等品种已经成为湖南省的主栽茶树品种。

湖南省直接通过本地野生茶树资源鉴定、评价选育而成的无性系品种共13个、地方群体品种4个，通过资源创新育成无性系品种14个。20世纪60年代开始，刘宝祥等对江华苦茶群体资源开展了系统研究，提出了江华苦茶是乔木型茶树进化为灌木型茶树的过渡类型，并从中选育出了优质抗寒红茶新品种潇湘红21-3，该品种不仅加工红茶香气高锐，汤色红亮，而且在最低温度-9.8℃下基本无冻害，耐寒性显著优于红茶主推良种云南大叶种。80年代，王威廉、张贻礼、王融初等对安化群体资源开展野外调查、收集与鉴定评价，选育了槠叶齐、白毫早、尖波黄3个国家级品种和湘波绿、高桥早、大尖叶、东湖早、安茗早5个省级品种。槠叶齐、白毫早在湖南、山东、河南、湖北、江西、广西等地大规模推广应用,取得了显著的成效。2009年,“国家级茶树良种槠叶齐的选育与推广应用”获得湖南省科技进步二等奖。张湘生、杨阳等从湖南保靖黄金群体资源中选育了保靖黄金茶1号、黄金茶2号、黄金茶168号3个全国特色突出的绿茶品种。保靖黄金茶1号一芽一叶期比对照福鼎大白茶早15天左右,氨基酸含量高达7.47%,比对照福鼎大白茶高1倍多。2015年，“保靖黄金茶1号、黄金茶2号选育与示范推广”获得中国茶叶学会科学技术一等奖。

另外，刘富知、张贻礼、董丽娟、贺利雄、李赛君等广泛开展了茶树亚种、变种间杂交和少量变种内品种间杂交，从中选育了湘妃翠、碧香早、茗丰、尖波黄13号、高芽齐、槠叶齐12号、福毫、福丰、湘红茶1号、湘红茶2号、玉绿、玉笋、湘波绿2号、潇湘1号14个品种。“早生优质绿茶新品种碧香早”、“早生优质绿茶玉绿、玉笋选育与推广应用”分别于2004年和2010年获得湖南省科技进步二等奖。

表 5-1 湖南省选育的 31 个茶树良种资源

品种名	年份	完成单位	品种名	年份	完成单位
东湖早	1984	湖南农业大学园艺系	槠叶齐 12 号*	1994	湖南省茶叶研究所
槠叶齐*	1987	湖南省茶叶研究所	福毫	1996	湖南省茶叶研究所
湘波绿	1987	湖南省茶叶研究所	福丰	1997	湖南省茶叶研究所
高桥早	1987	湖南省茶叶研究所	安茗早	1997	安化县糖溪茶场
大尖叶	1987	湖南省茶叶研究所	湘红茶 1 号	1998	湖南省茶叶研究所
尖波黄	1987	湖南省茶叶研究所	湘红茶 2 号	2003	湖南省茶叶研究所
江华苦茶	1987	江华县	保靖黄金茶	2006	保靖县农业局
汝城白毛茶	1987	汝城县	玉笋	2009	湖南省茶叶研究所
城步峒茶	1987	城步县、桃源县茶树良种站	玉绿*	2010	湖南省茶叶研究所
桃源大叶	1992	湖南农业大学、茶叶研究所	湘妃翠*	2010	湖南农业大学
碧香早	1993	湖南省茶叶研究所	保靖黄金茶 1 号	2010	湖南省茶叶研究所、保靖县农业局
茗丰	1993	湖南省茶叶研究所	湘波绿 2 号	2011	湖南省茶叶研究所
尖波黄 13 号*	1994	湖南省茶叶研究所	潇湘红 21-3	2012	湖南省茶叶研究所
高芽齐*	1994	湖南省茶叶研究所	黄金茶 2 号	2012	湖南省茶叶研究所、保靖县农业局
白毫早*	1994	湖南省茶叶研究所	黄金茶 168 号	2016	湖南省茶叶研究所、保靖县农业局
			潇湘 1 号	2016	湖南省茶叶研究所

* 国家级茶树良种。

湖南省是全国茶叶优势区域规划中的名优绿茶和出口绿茶优势区域，是全国著名的“绿茶优势产业带”、“黑茶产业中心”和“中国黄茶之乡”。全省有 90 多个县（市）种茶，2015 年湖南省茶园面积达到 13.58 万公顷，干毛茶总产量达到 17.44 万吨，其中绿茶 7.90 万吨，红茶 1.85 万吨，黄茶 0.08 万吨，黑茶 6.84 万吨，乌龙茶 0.33 万吨，其他茶类 0.44 万吨，形成了绿茶、黑茶、红茶、黄茶、花茶等多茶类结构。茶叶出口2.82万吨，创汇0.84亿美元。湖南省打造了“安化黑茶”、“保靖黄金茶”、“古丈毛尖”、“沅陵碣滩茶”、“石门银峰”、“岳阳黄茶”等公共品牌，形成了21个中国驰名商标品牌，102个湖南省著名商标品牌，18家企业生产的产品列入《2015年度全国名特优新农产品目录》。《湖南省人民政府关于印发〈湖南省茶叶产业发展规划〉的通知》（湘政办发〔2014〕6号）规划建设U型优质绿茶带、雪峰山脉优质黑茶带、环洞庭湖优质黄茶带和湘南优质红茶带4个产业带，涉及湖南省37个主产茶县，到2020年，湖南省将建设20万公顷优质茶园，无性系良种面积达80%以上，产量45万吨，年出口8万吨以上，力争实现1 000亿元茶业综合产值，全省茶农茶业收入翻一番。

第二节 果树、茶树种质资源的分类及收集方法

果树种质资源是指具有利用价值的果树遗传物质的总体，是携带有果树种质资源的材料，主要是种子和各种无性繁殖的器官和组织等。果树按果实形态、构造、利用和发育特征共分成以下5种类型：柑果类、浆果类、核果类、仁果类和坚果类。

一、柑果类

食用部分为果实内的多汁肉质瓤瓣，由多心皮的子房发育而成，外果皮坚韧具油胞，中果皮疏松为白色海绵状，内果皮膜质，分为若干室，其内壁向瓤内生出许多肉质多汁的瓤状毛（汁胞），是芸香科柑橘类植物特有的果实，如橘、柑、橙、柚、柠檬、枳、金柑等，分属于柑橘属、金柑属和枳属。

（一）柑橘属（拉丁学名：*Citrus* L.）

多年生常绿灌木或小乔木。自然生长的柑橘多为主根系，主要分布在地面以下30～60厘米深，宽度范围与冠幅相似，可达5米以上。株高可达8米，栽培种一般通过整形修剪，为2～3米。叶为单生复叶，有翼叶，叶缘有细钝裂齿。花多为两性花，单花腋生或数花簇生，或为少花的总状花序，花萼杯状，花瓣5片，覆瓦状排列，白色或背面紫红色，芳香。果实为柑果，表面密生油胞。

种子甚多，但当前栽培品种通过人工选育成无籽，不同品种果实产量差异较大，最高产量每公顷可达60吨以上。湖南全省均有栽培，花期为3～5月，成熟期多为10～12月，早熟品种最早8月成熟，晚熟品种到翌年5月成熟。柑橘属主要有以下6种类型：

1．宽皮柑橘（拉丁学名：*Citrus reticulata* Blanco）

常绿乔木，中国柑橘类果树中最重要的种类之一，因其果皮包着较宽松，易与果肉剥离，故名。湖南的南岭山脉道县、宜章等山区是宽皮柑橘的重要起源中心。宽皮柑橘为乔木或小乔木，枝细长、有刺。叶披针形、卵形或椭圆形，先端具小凹口，翼叶狭。花白色，单生或簇生。柑果扁圆形或倒卵状扁圆形。果皮黄色、橙色或红色，油胞凹、平或凸，皮薄至中等厚，包着松宽，容易剥离。瓤瓣8～13枚，易分离，中心柱空虚，汁胞粗、短，味甜或酸。

宽皮柑橘包括橘和柑两大类，其中橘为较原始的类型，道县和莽山野生柑橘保护区的主要类型都为橘类。在湖南存在较多的品系和野生类型，如酸橘、甜橘、红橘、朱红橘等，其中酸橘野生类型较多，果实较小，有时有异味或甚酸，不能食用。甜橘和红橘类多为栽培类型，果一般较大，只有个别是特小的，果肉的酸分低，糖分高，无苦味和异味，可食用。湖南典型的甜橘类型有椪柑（湘西自治州）、瓯柑（湘西南）、南丰蜜橘、本地早等品种，目前栽培面积接近100万亩。朱红橘是湖南的一个特色资源，在常德、益阳等地分布较多。朱红橘包括红橘、丹橘、朱橘等，果皮红亮，果形漂亮，是育种的极好材料，湖南代表性的朱红橘品种有安江红橘、草市香橘、长沙橘（南橘、河西橘）、溆浦朱橘。柑类是橘与其他柑橘类自然杂交产生的变异类型，分为苦味柑类和甜柑类。苦味柑类，果皮淡黄至橙黄色，略粗糙至有皱襞，较难剥离，瓢囊壁有苦味，具有代表性的有岳阳市华容县的皱皮柑、玛瑙柑。甜柑类果皮橙黄至深橙红色，平滑至略粗糙，稍难剥离，无苦味，子叶有乳白色，也有淡绿色，或二者同时存在于一粒种子里。石门蜜橘、洞口蜜橘是湖南柑橘的典型代表。（图5-1，图5-2）

图 5-1 蜜橘（植株）

图 5-2 蜜橘（果实）

2．甜橙 [拉丁学名：*Citrus sinensis* (L.) Osbeck.]

乔木，枝少刺或近于无刺，果圆球形、扁圆形或椭圆形，橙黄至橙红色，果皮难或稍易剥离，瓢囊 9 ～ 12 瓣，果心实或半充实，果肉淡黄、橙红或紫红色，味甜或稍偏酸。种子少或无，种皮略有肋纹，子叶乳白色，多胚。花期 3 ～ 5 月，果期 10 ～ 12 月，迟熟品种至次年 2 ～ 4 月。甜橙分为三大类，即普通甜橙、脐橙和血橙。普通甜橙中最为出名的是原产湖南黔阳（现洪江市）的冰糖橙，主产于湖南怀化、湘西和湘南，全省栽培面积达到 30 万亩，且被引种到云南、贵州、广西等地规模化种植。此外湖南还有黔阳的大红甜橙、湘西泸溪的浦市无核甜橙、怀化的无核大红甜橙、溆浦的长形甜橙。脐橙是当前湖南种植面积最大的一类柑橘，宜章、道县、新宁 3 个县是脐橙的主产区，每个县脐橙种植面积都超过 20 万亩。

3．柚类 [拉丁学名：*Citrus maxima* (Burm.) Merr]

乔木，树体一般比较高大。嫩枝、叶背、花梗、花萼及子房均被柔毛，嫩叶通常暗紫红色，嫩枝扁且有棱。叶质颇厚，色浓绿，阔卵形或椭圆形，复叶长 9 ～ 16 厘米，宽 4 ～ 8 厘米，或更大，顶端钝或圆。花期 4 ～ 5 月，果期 9 ～ 12 月。湖南优良的地方品种有湖南洪江市安江镇的糯米柚、安江石榴柚、安江香柚、张家界的菊花心柚和慈善金香柚等。此外，江永引种沙田柚，培育出江永香柚，品质优良，获国家农业部首批地理标志农产品，面积达 14 万多亩。

4．酸橙（拉丁学名：*Citrus aurantium* L.）

又名苦橙。主要分布在秦岭南坡以南各地，大部分处于半野生状态，湖南是全国酸橙的主产区，在湘西、湘西南、湘中北大部分地区具有自然分布和人工栽培。小乔木，枝叶茂密，刺多，徒长枝的刺长达 8 厘米。叶色浓绿，质地颇厚，翼叶倒卵形，基部狭尖。总状花序，白色，浓香，一朵或几朵簇生枝端叶腋。果圆球形或扁圆形，果皮稍厚至甚厚，较难剥离，橙黄至橙红色，油胞大小不均匀，凹凸不平，果心实或半充实，瓢囊 10 ~ 13 瓣，果肉味酸，有时有苦味或兼有特异气味。种子多且大，常有肋状棱，子叶乳白色，单或多胚。花期 4 ~ 5 月，果期 9 ~ 12 月。古有“代代”之称，又因其果实翌年会由橙黄转为青绿，得“回青橙”之美名。以干燥未成熟果实药用，名枳壳。其干燥幼果亦作药用，名枳实。

5．香橙（拉丁学名：*Citrus junos* Sieb. ex Tanaka）

小乔木。枝通常有粗长刺，新梢及嫩叶柄常被疏短毛。叶厚纸质，翼叶倒卵状椭圆形，长 1 ~ 2.5 厘米，宽 0.4 ~ 1.5 厘米，顶部圆或钝，向基部渐狭楔尖，叶片卵形或披针形，大的长达 8 厘米，宽 4 厘米，小的长 2.5 厘米，宽约 1 厘米，顶部渐狭尖或短尖，常钝头且有凹口，基部圆或钝，叶缘上平段有细裂齿，稀近于全缘。花单生于叶腋，有下垂性，花梗短，花期 4 ~ 5 月，果期 10 ~ 11 月。香橙以其翼叶的阔窄分为大翼叶香橙和小翼叶香橙两大类。香橙的果实可作中药，是枳实或枳壳的代品，在湖南多称为药柑子。香橙耐旱耐寒，常用作柑橘类的砧木。

6．宜昌橙（拉丁学名：*Citrus ichangensis* Swingle）

小乔木或灌木，高 2 ~ 4 米。枝干多劲直锐刺，刺长 1 ~ 2.5 厘米，花枝上的刺通常退化。叶身卵状披针形，大小差异很大，渐狭尖，全缘或叶缘有甚细小的钝裂齿；翼叶比叶身略短小，且存在二重翼叶。宜昌橙很耐寒，−11.5℃下仍能正常生长而不受冻害。宜昌橙耐土壤瘦瘠，耐荫，抗病力强，是嫁接柑橘属植物的优良砧木之一，嫁接甜橙、蜜橘、柠檬等，有使植株矮化作用。湖北宜昌橙和原产怀化的白花宜昌橙在湖南西部和西南部山区常有野生分布。

（二）金柑属（拉丁学名：*Fortunella* Swingle）

常绿灌木或小乔木，嫩枝青绿，略呈压扁状而具棱，刺位于叶腋间或无刺，单小叶，果圆球形、卵形、椭圆形或梨形，果皮肉质，油点微凸起或不凸起，果皮及果肉味酸或甜，果心小，汁胞纺锤形或近圆球形，有短柄；金柑属可与柑橘属、枳属物种自然杂交，原产中国的共有 5 个种，其中以下 4 个种在湖南均有天然分布或人工栽培。

1．金豆 [拉丁学名：*Fortunella venosa* (Champ. ex Benth.) Huang]

小灌木。树高小于 1 米。单叶，叶柄长不超过 5 毫米，果径不及 1 厘米。果皮味淡或略带苦味，果肉味酸。种子大。花期 4 ～ 5 月，果期 11 月至翌年 1 月。在湖南宁远、蓝山等县市低海拔山区常有分布的云霄金豆为野生种。

2．山橘 [拉丁学名：*Fortunella hindsii* (Champ. ex Benth.) Swingle]

又名山金橘。树高 3 米以内，多枝，刺短小。果横径 8 ～ 10 毫米，果皮橙黄或朱红色，平滑，有麻辣感且微有苦味，果肉味酸。花期 4 ～ 5 月，果期 10 ～ 12 月。在湖南省南岭山脉低海拔疏林中分布较多，为野生种。

3．金柑 [拉丁学名：*Fortunella japonica* (Thunb.) Swingle]

树高 2 ～ 5 米，枝有刺。果圆球形，横径 1.5 ～ 2.5 厘米。果皮橙黄至橙红色，厚 1.5 ～ 2 毫米，味甜，油胞平坦或稍凸起，果肉酸或略甜。花期 4 ～ 5 月，果期 11 月至翌年 2 月。在人工栽培情况下，一年开花三次，第一次在 3 ～ 4 月，最后一次在 8 ～ 9 月，多为野生种，少量用于栽培做盆景观赏。

4．金橘 [拉丁学名：*Fortunella margarita* (Lour.) Swingle]

又名罗浮、长寿金柑、牛奶柑等。树高 3 米以内。枝有刺，果椭圆形或卵状椭圆形，长 2 ～ 4.5 厘米，橙黄至橙红色，果皮味甜，厚约 2 毫米，油胞常稍凸起，瓢囊 4 ～ 5 瓣，果肉味酸或甜，有种子 2 ～ 5 粒。花期 3 ～ 5 月，果期 10 ～ 12 月。盆栽可多次开花，农家保留其 7 ～ 8 月的花期，至春节前夕果成熟，是主要的栽培种。(图 5-3，图 5-4)

湖南原产的蓝山金柑在湖南南部湘江上游多有分布，主产区为湖南永州蓝山县，有 1 000 多年的栽培历史。此外，浏阳金柑也为湖南原产，主要分布在湖南浏阳、攸县、长沙、湘潭等地，果径 2.7 ～ 3.5 厘米，与蓝山金柑相比，果形较圆，酸味较浓。

图 5-3　金橘（植株）

图 5-4　金橘（果实）

（三）枳属 [拉丁学名：*Poncirus* Raf.]

又名枳壳、枳实、枸橘、臭枸、雀不站等。为落叶小乔木，高 1 ～ 5 米，树冠伞形或圆头形。枝绿色，嫩枝扁，有纵棱，刺长达 4 厘米，刺尖干枯状，红褐色，基部扁平。叶柄有狭长的翼叶，通常指状三出叶。嫩枝和嫩叶中脉上有细毛。花单朵或成对腋生，大部分先叶开放，通常纵径 3 ～ 4.5 厘米，横径 3.5 ～ 6 厘米。果顶微凹，有环圈，果皮暗黄色，粗糙。黄河以南大部分地区均有分布，北至山东，南至广西、云南均有分布，湖南为主要的分布区。枳具有根系浅、须根发达、极耐寒、喜酸性土壤等特点，因此在南岭以北的广泛地区用做柑橘栽培品种的砧木，尤其是湖南栽培的蜜橘、脐橙等超过 90% 都以枳为砧木。枳在自然条件下可与柑橘属和金橘属的物种杂交，1976 年在湖南永顺县万福乡太平山发现了 1 000 多株永顺枳橙天然林。永顺枳橙为枳和宜昌橙的杂种，在湖南永顺、龙山、张家界和重庆秀山等地也有发现，海拔 600 ～ 1 440 米的八面山区均有天然分布，植株矮生，耐寒力极强。在逆境 −14℃条件下仍能正常开花。（图 5-5，图 5-6）

柑果类资源收集方法：柑橘类资源当前主要以嫁接方式进行繁殖，为保证收集的柑橘资源的遗传稳定性，在资源收集过程中，柑橘的繁殖材料应采集其半木质化的枝条（一般为当年生春梢或夏梢）进行嫁接，采集时间应严格控制在每年的 3 ～ 4 月和 8 ～ 10 月，采集嫁接穗条后，将叶片全部剪掉，用保鲜膜整理成捆与标签一起缠绕包裹，再用湿毛巾或纸巾包裹保湿。有条件需将包裹好的嫁接穗条放入4℃冰箱保存，无法冷藏的情况下，尽量防在宾馆卫生间等相对湿润阴凉的地方，短暂保存3 ~ 5天；如需保存资源的多样性，也可在柑橘果实成熟期间（主要为10 ~ 12月）采集柑橘果实，取出种子进行实生繁殖。采回的果实要与标签一起用自封袋包好；如需收集的柑橘植株树盘上有其种子落下后天然长出的实生苗，也可采挖其实生苗，挖实生苗时需尽量深入地挖出植株的完整根系，用湿泥土、湿毛巾或湿纸巾包裹根系，并用保鲜膜包好，再将嫩枝、嫩叶剪掉，系好标签。采集后的繁殖材料应做好明确统一的标签，并尽快送到资源繁育保存机构，及时进行嫁接和繁育或将植株栽培。

图5-5 枳（花）

图5-6 枳（果实）

二、浆果类

食用部分为内果皮，是由子房或联合其他花器发育成的柔软多汁的肉质果。种子小而多，包括植物学中的浆果、聚合果、聚花果和其他柔软多汁的果实，如葡萄、猕猴桃、蓝莓、柿、石榴、草莓、木通、四照花等。

（一）猕猴桃（拉丁学名：*Actinidia* Lindl）

又名藤梨、白毛桃、毛梨、毛梨子、猕猴梨、木子、毛木果、阳桃、奇异桃、羊桃、鬼桃、几维果与奇异果，为猕猴桃科猕猴桃属多年生落叶藤本植物，全属有 54 种，中国有 52 种。原产亚洲，分布于马来西亚至苏联西伯利亚东部的广阔地带，我国是优势主产区，集中产地是秦岭以南和横断山脉以东的大陆地区。根系肉质须根系。叶为单叶，互生，膜质、纸质或革质，多数具长柄，有锯齿，很少近全缘，叶脉羽状，多数侧脉间有明显的横脉，小脉网状，托叶缺或废退。花白色、红色、黄色或绿色，雌雄异株，单生或排成简单的或分歧的聚伞花序。在湖南省各地区均有栽培，其中高海拔山区野生分布较多，一般 3 月萌芽展叶，4 月开花坐果，9 ~ 10 月成熟，11 月落叶。(图 5-7，图 5-8)

图 5-7　猕猴桃（植株）

图 5-8　猕猴桃（果实）

（二）杨梅 [拉丁学名：*Myrica rubra* (Lour.) S. et Zucc.]

又名圣生梅、白蒂梅、树梅，为杨梅科杨梅属多年生常绿小乔木或灌木植物。起源于中国长江以南和东南亚国家。多为须根系，树高可达 10 米以上，栽培上人为修剪后控制在 3 ~ 5 米。单叶，叶革质，倒披针形或倒卵状长圆形，长 5 ~ 12 厘米，宽 2 ~ 3 厘米，先端短尖或圆钝，常密集于小枝上端，无托叶，叶边全缘或具锯齿，树脂质腺体大多数宿存而不脱落，脱落者则遗留一凹穴于叶面。穗状花序单一或分枝，主要为雌雄异株，偶尔也有雌雄同株现象，直立或向上倾斜，或稍俯垂状。雄花具雄蕊 2 ~ 8 枚，稀多至 20 枚，花丝分离或在基部合生，有或没有小苞片，雌花具 2 ~ 4 枚小苞片，贴生于子房而与子房一同增大，或与子房分离而不增大。子房外表面具略呈规则排列的凸起，凸起物随子房发育而逐渐增大，形成蜡质腺体或肉质乳头状凸起，核果小坚果状而具薄的果皮，或为较大

的核果而具肉质的外果皮及坚硬的内果皮。3 ～ 4 月开花，6 ～ 7 月果实成熟。（图 5-9，图 5-10）

图 5-9　杨梅（植株）

图 5-10　杨梅（果实）

（三）葡萄（拉丁学名：*Vitis* L.）

又名提子、蒲桃、草龙珠、山葫芦、李桃、美国黑提，是葡萄科葡萄属的多年生落叶藤本植物。全属有 60 余种，中国约有 38 种，野生的葡萄集中分布在 3 个中心：东亚分布中心、北美 - 中美分布中心、欧洲 - 中亚分布中心，东亚分布中心主要集中分布于中国。湖南中方等地，从野生刺葡萄种选育出优良品系，现已成为当地特色产业。葡萄叶为圆形单叶、掌状或羽状复叶；有托叶，通常早落。葡萄藤茎长达 5 ～ 10 米。花通常为单性花，稀两性，排成聚伞圆锥花序；野生葡萄多为雌雄异株。花瓣凋谢时呈帽状黏合脱落；花盘明显，5 裂；雄蕊与花瓣对生，在雌花中不发达，败育；子房 2 室，每室有 2 颗胚珠；花柱纤细，柱头微扩大。果实为一肉质浆果，有种子 2 ～ 4 颗。一般产量为 37.5 吨 / 公顷，最高可达 75 吨 / 公顷。葡萄 4 月萌芽展叶，5 月开花坐果，7 ～ 9 月均有成熟，11 月落叶休眠。（图 5-11，图 5-12）

（四）柿（拉丁学名：*Diospyros* Linn.）

为落叶乔木。原产我国长江流域，在中国南北均有大面积分布，北至山东、陕西，南至广东、台湾，均有大面积栽培。柿树根系发达，耐寒耐贫瘠耐旱，但不耐盐碱。嫩枝初时有棱，有棕色柔毛或绒毛。成熟叶纸质，卵状椭圆形至倒卵形或近圆形，通常较大。花雌雄异株，但间或有雄株中有少数雌花，雌株中有少数雄花的，花序腋生，为聚伞花序，雌花单生叶腋，长约 2 厘米，花萼绿色，有光泽。果形多种，有球形、扁球形、球形而略呈方形、卵形等，直径 3.5 ～ 8.5 厘米不等，基部通常有棱，嫩时绿色，后变黄色、橙黄色，果肉较脆硬，老熟时果肉变成柔软多汁，呈橙红色或大红色。花期 5 ～ 6 月，果期 9 ～ 10 月，11 月底落叶入冬，次年 3 月抽梢展叶。（图 5-13，图 5-14）

图 5-11　葡萄（植株）

图 5-12　葡萄（果实）

图 5-13　柿（植株）

图 5-14　柿（果实）

浆果类资源收集方法：猕猴桃、葡萄、木通、杨梅、柿都主要以嫁接方式进行繁殖，所以资源繁殖材料采集方法与柑果类基本一致，嫁接时间和方法都以冬天芽接或春天枝节接为主，一般 2 ~ 3 月植株春梢萌芽之前采集嫁接穗条便能正常繁殖，此外，葡萄 5 ~ 6 月春梢木质化后采集嫁接穗条也能正常繁殖。如需保存资源的遗传多样性，也可以采集成熟果实洗种后播种实生苗或采挖植株下自然萌发的实生苗，资源采集和保存方法与柑果类果树相似；越橘（蓝莓）为杜鹃花科小灌木，主要以扦插的方式进行繁殖，采集穗条时叶片不能剪掉，保湿条件需更加严格，另外，越橘为小灌木，根系较浅，条件允许可挖出植株及时送到资源保存单位进行保存；四照花暂时没有成熟的无性繁殖方法，所以只能 10 月采集果实洗种进行实生繁殖。

三、核果类

大多数核果类的食用部分是由子房心皮发育而成的肉质果皮，部分种类食用其种仁，一般内果皮木质化形成坚硬的核，属植物学真果中的核果，主要为蔷薇科和鼠李科的果树，如桃、李、梅、枣、杏、樱桃等。

（一）桃（拉丁学名：*Amygdalus persica* L.）

桃有普通桃、油桃、蟠桃、寿星桃、碧桃等多种类型，为蔷薇科李亚科桃属多年生落叶乔木或灌木。桃属分布于亚洲中部至地中海地区，栽培品种广泛分布于寒温带、暖温带至亚热带地区，中国主要产于西部和西北部，栽培品种全国各地均有。幼叶在芽中呈对折状，后于花开放，稀与花同时开放，叶柄或叶边常具腺体。花单生，稀 2 朵生于 1 芽内，粉红色，罕白色，几无梗或具短梗，稀有较长梗。果实为核果，外被毛，极稀无毛，成熟时果肉多汁不开裂，或干燥开裂，腹部有明显的缝合线，果核扁圆、圆形至椭圆形，与果肉粘连或分离，表面具深浅不同的纵、横沟纹和孔穴，极稀平滑。种皮厚，种仁味苦或甜。花期为 3 ~ 4 月，展叶期为 4 月，果期 6 ~ 9 月，11 月落叶休眠。（图 5-15，图 5-16）

（二）李（拉丁学名：*Prunus* L.）

又名嘉庆子、布霖、李子、玉皇李、山李子，为蔷薇科李属多年生落叶小乔木或灌木。全属约有 30 种，主要分布于北半球温带，现已广泛栽培，中国原产及习见栽培者有 7 种，分别为：樱桃李、欧洲李、乌荆子李、李、杏李、黑刺李、东北李。单叶互生，幼叶在芽中为席卷状或对折状，有叶柄，在叶片基部边缘或叶柄顶端常有 2 小腺体，托叶早落。花单生或 2 ~ 3 朵簇生，具短梗，先叶开放或与叶同时开放。萼片和花瓣覆瓦状排列，雄蕊多数（20 ~ 30），雌蕊 1，周位花，子房上位，心皮无毛，1 室具 2 个胚珠。核果，具有 1 个成熟种子，外面有沟，无毛，常被蜡粉，核两侧扁平，平滑，稀有沟或皱纹。4 月份开花展叶坐果，7 ~ 8 月果实成熟。（图 5-17，图 5-18）

图 5-15　桃（植株）

图 5-16　桃（果实）

图 5-17　李（植株）

图 5-18　李（叶）

（三）梅（拉丁学名：*Armeniaca mume* Sieb.）

又名青梅、梅子、酸梅，为蔷薇科李亚科杏属多年生落叶小乔木。中国四川、贵州、云南交界的横断山区和云贵高原一带是梅的自然分布中心，同时又是梅的遗传多样性中心。高 4 ～ 10 米。叶片卵形或椭圆形，先端尾尖，基部宽楔形至圆形，叶边常具小锐锯齿，灰绿色，幼嫩时两面被短柔毛，成长时逐渐脱落，或仅下面脉腋间具短柔毛。花期 12 月至翌年 1 月，2 月展叶，果期 5 ～ 6 月（在华北果期延至 7 ～ 8 月），10 月落叶休眠。（图 5-19，图 5-20）

图 5-19 梅（花）

图 5-20 梅（果实）

（南京农业大学 高志红 摄）

（四）枣（拉丁学名：*Ziziphus jujuba* Mill.）

又名枣子、大枣、刺枣、贯枣，鼠李科枣族枣属。本属约 100 种，主要分布于亚洲和美洲的热带和亚热带地区，少数种在非洲和两半球温带也有分布，我国有 12 种 3 变种，枣和无刺枣在全国各地栽培，主要产于西北、西南和华南。多为落叶小乔木，枝常具皮刺，叶互生，具柄，边缘具齿，或稀全缘，具基生三出、稀五出脉，托叶通常变成针刺。花小，黄绿色，两性，常排成腋生具总花梗的聚伞花序，或腋生或顶生聚伞总状或聚伞圆锥花序。核果圆球形或矩圆形，不开裂，顶端有小尖头，基部有宿存的萼筒，中果皮肉质或软木栓质，内果皮硬骨质或木质，1 ～ 2 室，稀 3 ～ 4 室，每室具 1 种子。种子无或有稀少的胚乳。4 月萌芽展叶，花期 5 ～ 6 月，果期 9 ～ 10 月，11 月落叶休眠。（图 5-21，图 5-22）

图 5-21　枣（植株）

图 5-22　枣（果实）

核果类资源收集方法：核果类大部分果树都能进行嫁接繁殖，且可以进行春接和秋接，因此穗条采集时间可分为两次，分别为春季的 2 月前后和秋季 8 月前后，采集方法与柑果类一致。需要注意的是，核果类果树，每个果实内一般只有一个种子，用种子繁殖时，需相对多采集果实，一般至少 30 个果实以上。

四、仁果类

由合生心皮下位子房与花托、萼筒共同发育而成的肉质果。主要食用部分由花托和萼筒发育而成，子房所占比例较小，心皮形成果心，果心内有一到数个小型种子，属植物学假果中的梨果，如梨、苹果、木瓜、枇杷、山楂等。

（一）梨（拉丁学名：*Pyrus* L.）

为蔷薇科梨属多年生落叶乔木。全世界约有 25 种，分布于亚洲、欧洲至北非，中国有 14 种。单叶互生，有锯齿或全缘，稀分裂，在芽中呈席卷状，有叶柄与托叶。花先于叶开放或同时开放，伞形总状花序，萼片 5，反折或开展，花瓣 5，具爪，白色，稀粉红色，雄蕊 15 ～ 30，花药通常深红色或紫色，子房 2 ～ 5 室，每室有 2 胚珠。梨果，果肉多汁，富石细胞，子房壁软骨质。种子黑色或黑褐色，种皮软骨质，子叶平凸。3 月开花坐果，4 月展叶，成熟期 7 ～ 10 月。（图 5-23，图 5-24）

图 5-23　梨（植株）

图 5-24　梨（果实）

（二）枇杷 [拉丁学名：*Eriobotrya japonica* (Thunb.) Lindl]

又名芦橘、芦枝、金丸、炎果、焦子，为蔷薇科苹果亚科枇杷属常绿乔木或灌木。分布在亚洲温带及亚热带，我国原产 13 种。单叶互生，边缘有锯齿或近全缘，羽状网脉，通常有叶柄或近无柄，托叶多早落。顶生圆锥花序，常有绒毛，萼筒杯状或倒圆锥状，萼片 5，宿存，花瓣 5，倒卵形或圆形，无毛或有毛，芽时呈卷旋状或双盖覆瓦状排列，雄蕊 20 ～ 40，花柱 2 ～ 5，基部合生，常有毛，子房下位，合生，2 ～ 5 室，每室有 2 胚珠。梨果肉质或干燥，内果皮膜质，

有一或数粒大种子。枇杷花期 10 ～ 11 月，果实成熟期翌年 4 ～ 6 月。（图 5-25，图 5-26）

图 5-25　枇杷（植株）

图 5-26　枇杷（果实）

仁果类资源收集方法：仁果类主要有梨和枇杷，都有成熟的嫁接时间：梨的嫁接时间比较长，从冬季 11 月到第二年 2 月以及夏季 5 ~ 9 月都可进行嫁接；枇杷一般 2 ~ 3 月进行嫁接。穗条采集方法与柑果类穗条一致。

五、坚果类

食用部分多为种仁，果实外部多具坚硬或革质的外壳，包括植物学中的坚果，如核桃、栗子等。

（一）核桃

核桃为胡桃科胡桃属（*Juglans* L.）、山核桃属（*Carya* Nutt.）和喙核桃属（*Annamocarya* Cheval.）的总称，属多年生落叶乔木。中国是核桃的原产地之一。芽具芽鳞，髓部呈薄片状分隔。叶互生，奇数羽状复叶，小叶具锯齿，稀全缘。雌雄同株，雄花的苞片、小苞片及花被片均被腺毛。雄蕊 6 ～ 30 枚，花药黄色，无毛。雌花的总苞被极短腺毛，柱头浅绿色。果为假核果，外果皮由苞片及小苞片形成的总苞及花被发育而成，未成熟时肉质，不开裂，完全成熟时常不规则裂开。果核不完全 2 ～ 4 室，内果皮（核壳）硬，骨质，永不自行破裂，壁内及

隔膜内常具空隙。核桃 3 月萌芽展叶，花期 5 月，果期 10 月，12 月落叶休眠。（图 5-27，图 5-28）

图 5-27 核桃（植株）

图 5-28 核桃（果实）

（二）栗子（拉丁学名：*Castanea* Mill.）

又名板栗、大栗、栗果、毛栗、棋子、栗楔、毛栗子，为壳斗科栗属多年生落叶乔木。全世界约 12 ～ 17 种，分布于亚洲、欧洲南部及其以东地区、非洲北部、北美东部。树皮纵列。叶互生，叶缘有锐裂齿，羽状侧脉直达齿尖，齿尖常呈芒状。花单性同株，或为混合花序，则雄花位于花序轴的上部，雌花位于下部，穗状花序，直立，通常单穗腋生于枝的上部叶腋间，偶因小枝顶部的叶退化而呈总状排列。壳斗 4 瓣裂，有栗褐色坚果 1 ～ 3 个，果顶部常被伏毛，底部有淡黄白色略粗糙的果脐。每果有 1 ～ 3 颗种子，种皮红棕色至暗褐色，被伏贴的丝光质毛。板栗 3 月萌芽展叶，5 月开花，9 ～ 10 月成熟，11 月落叶休眠。（图 5-29，图 5-30）

坚果类资源收集方法：坚果主要包括栗类和核桃，最佳的嫁接时间为树芽萌发之前的春季前进行枝接，因此嫁接穗条采摘时间为 2 月之前。也可待春梢木质化后进行嫁接，但成活率相对较低。坚果的种子也较大，所以与核果一样，实生繁殖，果实采集数量需 30 个以上。

图 5-29　板栗　(植株)

图 5-30　板栗（果实）

（中国林科院亚热带林业研究所 江锡兵 摄）

湖南省不同果树资源的叶、花、果实及穗条等部位的样品采集时间详见表 5-2。

表 5-2　湖南省主要果树资源样品采集部位及采集时间

果实类型	种类	采集时间			
		叶片	花	果实	嫁接穗条
柑果	柑橘	常绿	3~4 月	9~12 月	2~3 月，8~10 月
浆果	猕猴桃	4~10 月	4 月	9~11 月	11 月至翌年 2 月
	杨梅	常绿	3 月	6 月	2 月
	葡萄	4~11 月	5 月	7~10 月	1~2 月，5~6 月
	柿	3~9 月	4~5 月	10 月	2~3 月
	越橘（蓝莓）	2~11 月	2~3 月	4~9 月	5~6 月
	四照花	常绿	5~6 月	10 月	种子繁殖
	木通	3~11 月	4 月	9~10 月	2 ~ 3 月
核果	桃	3~9 月	2 月	6~10 月	11 月至翌年 2 月，5 月至 8 月初
	李	3~11 月	3 月	7~8 月	11 月至翌年 2 月，8 月下旬
	梅	2~10 月	12 月至翌年 3 月	4~7 月	1~2 月，7~9 月
	枣	3~11 月	3 月	9~10 月	2 月，9 月至 10 月初
	樱桃	3~10 月	2 月	5 月	11 月至翌年 2 月，5 月至 8 月初
仁果	梨	4~9 月	2~3 月	7~8 月	11 月至翌年 2 月，5~9 月
	枇杷	常绿	10~12 月	5~6 月	2~4 月
坚果	核桃	4~10 月	3~4 月	8~9 月	1~2 月，6 月
	栗类	3~9 月	5~6 月	9~10 月	2~3 月，8~9 月

六、茶

茶[拉丁学名：*Camellia sinensis* (L.) O.Ktze.]，为山茶科山茶属多年生木本植物，主要分为大厂茶、大理茶、厚轴茶、秃房茶、茶5个种和阿萨姆茶、白毛茶2个变种。起源于中国。根系为直根系，集中分布于地表下20～30厘米。分为乔木、小乔木和灌木三种类型。叶片一般为椭圆形或长椭圆形，少数为卵形和披针形，叶缘有锯齿，一般16～32对，叶片主脉明显，主脉分出侧脉并连成网状。花两性，属假总状花序，1～3朵腋生，白色，中等大小，有花柄，花瓣6～11片，近离生，花期9～12月。子房3～5室，花柱离生。蒴果3～5室，有中轴。11月中旬采收茶籽，经济年限可达50～60年。（图5-31，图5-32）

图5-31 茶（野生茶树）

图5-32 茶（炎陵银边茶）

收集方法：

（1）枝条采集 8～12月采集当年生木质化（茎红色）或半木质化（黄绿色）的带叶健壮枝条，每份资源数量保证在15枝以上（数量不拘）。采下后可用纸巾或毛巾蘸水（拧无水滴）包裹枝条下部，套封口袋或覆保鲜膜，并系上写有采集信息的标签。返回驻地或单位时，用水将枝条浇透，并插入盛有1/3～1/2水的桶中保湿，水每天换一次，可保存10天。采集后及时寄送到湖南省农业科学院种质资源库。当地有苗圃的，也可以在当地扦插繁殖，待成苗后寄送至湖南省农业科学院种质资源库。

（2）种子采集 10～12月采集果皮呈绿褐色或黄色、无光泽的果实；或果实微裂开，种子壳脆硬呈棕褐色，有光泽的果实。果实采集 50 粒以上。采集后用网袋保存，并系上标签，放于通风干燥处，避免日晒。

（3）幼苗采集　从考察树下寻找该树脱落种子长成的健壮幼苗，数量不限。挖苗前要对照幼苗叶部形态等是否与母树相同，并尽量保持根系完整。苗挖起后，先用清水洗净，放在双层尼龙袋中，根部周围填以保湿苔藓或蛭石，稍作捆扎，上部枝叶露在袋外（约占全株的 40%，枝叶太长可适当剪去），系上写有采集信息的标签。然后将若干份茶苗放于四周开有小气孔的纸箱中，派专人送往或快递寄到湖南省农业科学院种质资源库。

第六章　其他作物种质资源的普查与收集

第一节　湖南省其他作物资源创新与生产利用

一、烟草资源创新与生产利用

湖南省的烟草品种选育工作在全国开展较早，截止到2016年，湖南农业大学与中南烟草试验站合作育有湘烟3号、湘烟5号，已通过品种审定并推广种植。有118份杂交组合品种，诱变育种形成了质子2067、3000伦、Li-40-GY三个系列6份种质资源已繁育6代。为改善我国烟叶钾含量普遍偏低的状况，通过向烟草导入马齿苋、空心莲子等钾含量高的植物基因的遗传育种手段，已育成5个综合性状优良的钾高效品种，分别为GK2、GK8、HKDN-2、HKDN-5、HKDN-8。湖南省有永州和郴州两个国家级烟草良种繁育基地。

湖南省是中国最大的烟草生产省份之一，全省有44个烟叶主产县，常年种植烤烟6.67万公顷左右，年产烟叶逾15万吨。主要集中在郴州、永州、衡阳、湘西等地。主要种植的品种是K326、云烟87、云烟85，云烟203、中烟201、湘烟5号等有零星种植。

二、桑蚕资源创新与生产利用

湖南省蚕桑资源的收集利用工作主要由湖南省蚕桑科学研究所负责。利用桑树种质已先后育成早生性、丰产性、优质性、抗逆性等具不同特性的桑树品种6个，并通过省级以上审（认）定。

蚕桑生产是湖南省的传统产业，发展历史悠久，20世纪90年代，湖南省的蚕桑产业达到了顶峰。目前，湖南省122个县市区中有46个具备桑园或者正在进行蚕桑生产，桑园总面积有0.82万公顷，年产蚕茧2 000余吨。主要分布在津市、花垣、沅陵、湘乡、双峰、祁东、永顺、溆浦、洞口、平江、泸溪、岳阳大通湖等地。

三、绿肥资源创新与生产利用

湖南省绿肥作物品种资源收集、整理及培育等方面开展过大量研究，在20世纪70年代已经培育出湘肥1号、湘肥2号、湘肥3号等适合本省种植的绿肥品种。在“高产晚稻田翻耕直播豌豆为主的绿肥种植技术”研究中，从26个种质资源筛选出10个品种应用于生产。1979年，湖南省农科院直接从国际水稻研究所引进世界仅有的6个红萍品种，并进行了抗性、适应性鉴定。目前，卡州萍已成为分布湖南全省的可利用萍种。此外，湖南省土壤肥料研究所选育出湘紫1号、湘紫2号、湘紫3号、湘紫4号等系列优良绿肥品种，湖南省茶叶研究所从茳芒决明中选育出一个茶园绿肥品种“茶肥1号”。

湖南省农民都有种植绿肥的习惯，绿肥种植面积历来居全国之首，特别是20世纪70年代发展最快，最高年份播种面积近2 000万公顷，一般每公顷产鲜草30吨以上，80年代后绿肥生产出现滑坡，面积减小、产量下降，严重地影响了农业的发展，其主要原因之一就是湖南绿肥的种质资源匮乏，品种结构单一。湖南省在20世纪70年代培育的湘肥1号、湘肥2号、湘肥3号等适合本省种植的绿肥品种在市场上已经很难找到种子。目前湖南省农业科学院的一些育种家已经育出了部分品种，正在推广。

四、香料资源创新与生产利用

香料作物资源在湖南种类较多，多为野生分布，选育的品种少，栽培面积较大的香料植物主要有生姜、紫苏、茴香等。但大多为农户为满足自己需要而种植，其中生姜在湖南省各地均有种植，茴香主要在长沙、浏阳、常德等地零星种植。山鸡椒、花椒等则多为野生。目前，湖南省农业生物资源利用研究所药用植物基地收集保存了部分资源。

五、药用植物资源创新与生产利用

湖南省的中医药种质资源十分丰富，药材种2 384种，占全国的18.7%，药材总蕴藏量达1 200余万吨，居全国前列。湖南省拥有重点中药材品种241个，占全国的66.8%,居全国第2位。湖南省大宗道地药材主要有百合、金银花、玉竹、白术、黄精、薏苡、射干、白芷、枳壳、栀子、玄参、前胡、厚朴、杜仲、黄柏、吴茱萸、鱼腥草、夏枯草、湘莲、白扁豆、陈皮等40余种，在国内占有较大的市场份额，具有明显的资源优势。湖南省是全国8个中药材种植基地省份之一，近年来发展快、规模大、商品质量好、市场占有份额大的中药材有金银花、百合（卷丹)、玉竹、射干、天麻等品种。湖南省有40多个专业药材生产基地，中药材种植面积达12多万公顷，2007年总产量53.9万吨，总产值44.2亿元，并有邵阳廉桥和长沙高桥2个国家级中药材专业交易市场。

第二节 其他作物种质资源的分类及收集方法

一、烟草

烟草（拉丁学名：*Nicotiana tabacum* L.)，为茄科烟草属一年生或有限多年生草本植物。原产南美洲,我国南北各地均有栽培。烟草的根属圆锥根系,由主根、侧根和不定根三部分组成。烟草种子萌发时,胚根突破种皮后直接生长而成主根,主根产生的各级大小分支都叫侧根,由茎上发生的根都叫不定根。植株高0.7 ~ 2米。叶矩圆状披针形、披针形、矩圆形或卵形，顶端渐尖，基部渐狭至茎呈耳状而半抱茎，叶柄不明显或成翅状柄。夏秋季开花结果，花序顶生，圆锥状，多花，花萼筒状或筒状钟形，花冠漏斗状，红色或淡红色。果实为蒴果，卵状或矩圆状。种子圆形或宽矩圆形，褐色。湖南省湘南地区主要是春栽，一般与水稻轮作，头年12月播种，次年3月移栽，7月收获完毕；在湘西地区，多为旱土栽培，生育期比湘南地区稍微晚1 ~ 2个月。(图6-1，图6-2)

照片和信息采集包括烟草株高、株型、叶型等，需和当地农户了解和记录种植历史和种植习惯。资源收集以种子为主，收集后要做干燥处理，用牛皮纸袋装种子，挂好标签后尽快送种质资源库。由于烟草采用高度规范化、集约化栽培，烟草野生资源在湖南分布极少，发现野生资源时，采集好图片、用GPS定位收集地点、录入必要的信息，收集好种子资源或者活体植株，及时联系湖南省农科院作物普查有关人员，以便做进一步处理。

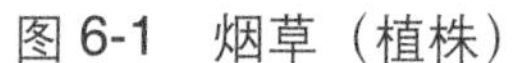

图 6-1　烟草（植株）

图 6-2　烟草（花）

二、桑

桑（拉丁学名：*Morus alba* L.），为桑科桑属多年生木本植物。桑原产中国中部和北部，现全国各地均有栽培，尤以长江中下游各地为多。桑为落叶乔木或灌木，高可达 15 米。叶卵形至广卵形，边缘有粗锯齿，有时有不规则的分裂。雌雄异株，5 月开花。果熟期 6 ～ 8 月，聚花果卵圆形或圆柱形，黑紫色或白色。（图 6-3，图 6-4）

图 6-3　桑（植株）

图 6-4　桑（果实）

照片和信息采集包括生境照片、叶型、果型等，需和当地农户了解和记录桑树的树龄、树性、适应性、抗逆性、产量、品质、成熟期、贮藏性、适宜用途等和主要优缺点、当地群众评价、利用途径；测定记载株高、主干周径、冠幅、形态特征，记载枝条、叶片、花、果实、种子等的植物学性状等，土壤类型、伴生物种以及气候与生态等信息。桑树属于高大乔木，一般登记后就地保存，也可采用分株或者枝条扦插繁殖保存，也可采集半木质化枝条 50 ～ 100 根，保湿，扦插保存。

三、绿肥

紫云英（拉丁学名：*Astragalus sinicus* L.），又名红花草子、草子、燕子花，为豆科黄芪属一年生或越年生草本植物。原产中国。根系主根直下，须根发达，根部有根瘤，可固定空气中的氮素。茎质柔嫩，出苗 40 天后开始分枝，单株分枝可达 3 ～ 7 个，茎长 55 ～ 100 厘米。叶为奇数羽状复叶，具有 7 ～ 13 片倒卵形或椭圆形小叶。花为蝶形花，由 3 ～ 4 朵小花组成，呈伞形花序，花冠由 5 片花瓣组成。果荚细长，顶端有喙，每个果荚内含种子 3 ～ 10 粒。种子栗褐色，呈扁肾形，种皮有蜡质，并显光泽。湖南一般生育期为 210 ～ 230 天，早熟种 4 月底至 5 月初种子成熟，中熟种 5 月上旬左右成熟，迟熟种 5 月中下旬成熟。（图 6-5，图 6-6）

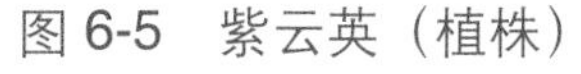
图 6-5　紫云英（植株）

图 6-6　紫云英（花）

苕子（拉丁学名：*Vicia tetrasperma* (L.) Schreber ），又名蓝花草子、苦子、麦豌豆，为豆科巢菜属一年生或越年生草本植物。苕子种类很多，有毛叶苕子、紫花苕子、光叶苕子等。苕子主根直下，须根发达，根系多分布在30厘米土层内。茎细直，质柔软，成熟期植株可达330～600厘米。叶为羽状复叶，顶端有卷须，子叶7～13对，倒卵形或长椭圆形。花为蝶形花，由叶腋抽出花梗，有6～17朵。果荚矩形，成熟时呈褐色，内含种子3～6粒。种子圆球形，褐色。在湖南，苕子全生育期为230～250天，早熟品种5月10日左右成熟，迟熟品种5月下旬至6月上旬成熟。

满园花（拉丁学名 *Raphanus sativus* L.），又名肥田萝卜、苦萝卜、肥田菜，为十字花科一年生或越年生草本植物，与食用萝卜同种。在湖南有悠久的栽培历史，冬季与苕子混种做绿肥，具有耐旱、耐瘠、耐酸等特性。根为主根系，侧根分布于耕作层。主茎高300～400厘米，分枝多而较粗。叶大，叶缘有缺刻，叶柄较长。花为总状花序，花色白，花瓣4片，呈十字状。果实为角果，成熟后不开裂，便于收获。每角果含种子3～8粒，种子扁圆形。

红萍[拉丁学名：*Azollahaim bricata* (Rokb) Nakzi]，又名满江红，为满江红科满江红属的一种水生蕨类植物。原产于美洲，1977年由中国科学院植物研究所引进国内，是优质水生绿肥和饲料植物。萍体漂浮水面。根状茎细弱，横卧，羽状分枝，须根下垂到水中。径约1厘米，呈三角形、菱形或类圆形。叶细小如鳞片，肉质，在茎上排列成两行，互生，每一叶片都深裂成两瓣，上瓣肉质，浮在水面上，绿色，秋后变红色，能进行光合作用，下瓣膜质，斜生在水中，没有色素。孢子囊果成对生于分枝基部的沉水叶片上。

绿肥种质资源的照片采集包括生境照片、株高、株型、叶型、花形、果实或种子形状等，信息采集包括绿肥的种类、株型、株高、茎叶颜色、播种期、适宜翻耕期或收获期等。主要收集农民自己种植多年的自留种或者地方老品种，杂交品种不纳入收集对象。十字花科、伞形科植物多于3～5月成熟，豆科植物一般在8～10月成熟。绿肥多采用种子繁殖，采集种子数在5 000粒以上，宜用牛皮纸袋或者防潮保鲜袋装种子，做好干燥工作。

四、香料作物

山鸡椒[拉丁学名: *Litsea cubeba*（Lour）Pers.]，又名木香子、木姜子、山苍子、青皮树、山苍树、过山香、山胡椒、野胡椒、大筑子皮、澄茄子、沙海藤，为樟科木姜子属落叶乔木或小乔木。原产中国。高2～6米。叶互生，纸质，有香气，披针形或长圆状披针形。伞形花序单生或簇生，每一花序有花 4 ~ 6 朵，先叶开放或与叶同时开放。核果球形,幼时绿色,成熟时黑色。花期 2 ~ 3 月,果期 7 ~ 8 月。(图 6-7)

茴香（拉丁学名：*Foeniculum vulgare* Mill.），又名小怀香、香丝菜、小茴香、茴香子、谷香（四川、贵州）、浑香、草茴香，为伞形科茴香属多年生草本植物。原产地中海。高 40 ~ 200 厘米。茎直立，光滑，灰绿色或苍白色，有分枝。三至四回羽状复叶，最终小叶片线形。复伞形花序顶生，花小，黄色，花瓣宽卵形。花期 6 ~ 7 月，果期 9 ~ 10 月，10 月中旬收获。(图 6-8)

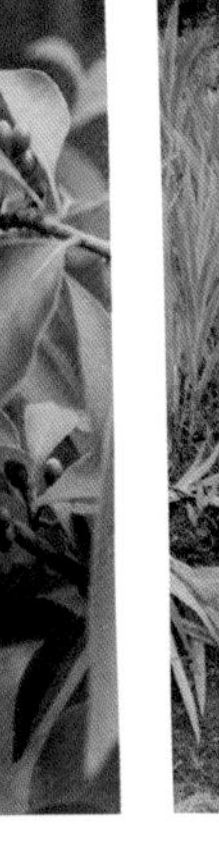

图 6-7　山鸡椒

图 6-8　茴香

紫苏 [拉丁学名 *Perilla frutescens* (L.) Britt.]，又名桂荏、赤苏等，为唇形科紫苏属一年生直立草本植物。紫苏原产于中国，在我国已有悠久的种植历史。茎高 0.3 ~ 2 米，绿色或紫色。叶片多皱缩卷曲，完整者展平后呈卵圆形，先端长尖或急尖，基部圆形或宽楔形，边缘具圆锯齿，两面紫色或上面绿色，下表面有多数凹点状腺鳞，叶柄紫色或紫绿色，质脆。嫩枝紫绿色，断面中部有髓，气清香，味微辛。轮伞花序。花期 7 ~ 11 月，果期 8 ~ 12 月。(图 6-9)

薄荷（拉丁学名：*Mentha haplocalyx* Briq.），又名夜息香、银丹草，为唇形科薄荷属多年生草本植物。原产于地中海沿岸，在我国已有 400 多年的栽培历史。多生于山野湿地河旁，根茎横生地下，茎直立，高 30 ~ 60 厘米，锐四棱形，下部数节具纤细的须根及水平匍匐根状茎。叶片长圆状披针形、披针形、椭圆形或卵状披针形，稀长圆形。轮伞花序腋生，轮廓球形，小坚果卵珠形，黄褐色，具小腺窝。花期 7 ～ 9 月，果期 10 月。多生于 2 100 米海拔高度，但也可在 3 500 米海拔上生长。

生姜（拉丁学名：*Zingiber officinale* Rosc.），又名姜根、百辣云、勾装指，为姜科姜属多年生宿根草本植物。原产中国和东南亚热带地区。根茎肉质、肥厚、扁平，有芳香和辛辣味。叶披针形至条状披针形，平滑无毛，有抱茎的叶鞘，无柄。花茎直立，穗状花序卵形至椭圆形，花稠密，萼短筒状。蒴果长圆形，长约 2.5 厘米。花期 6 ～ 8 月。

花椒（拉丁学名：*Zanthoxylum bungeanum* Maxim.），又叫川椒、大椒、秦椒、蜀椒或山椒，为芸香科花椒属落叶灌木或小乔木。原产于中国北部至西南，在我国广泛栽培。茎干上的刺常早落，枝有短刺。叶有小叶 5 ～ 13 片，小叶无柄对生，多为卵形、椭圆形，稀披针形，叶缘有细裂齿，齿缝有油点，其余无或散生肉眼可见的油点，叶背基部中脉两侧有丛毛或小叶两面均被柔毛，叶背干后常有红褐色斑纹。花序顶生或生于侧枝之顶。花期 4 ～ 5 月，果期 8 ～ 10 月。（图 6-10）

图 6-9　紫苏

图 6-10　花椒

照片采集包括生境照片、株高、株型、叶型、花形、果实或种子形状，使用部位等。信息采集包括植物的种类、株型、株高、播种期、收获期、用途、使用习惯等。因香料植物种类多，收集时间各不相同，根据植物特性，适时收集。小颗粒种子数在 1 000 粒以上，宜用牛皮纸袋或者防潮保鲜袋装种子，做好干燥工作。根茎类植物可以采集地下部分或者全株活体保存。木本植物多采用当年生枝条，扦插或者嫁接保存。具体收集时间见表 6-1。

表 6-1 湖南其他作物（不包括药用植物）资源样品采集部位及时间

种类	花期	成熟期	采集部位	采集数量
烟草	6 ~ 7 月	7 ~ 8 月	成熟种子或全株	5 ~ 10 克或 5 ~ 10 株
桑	4 ~ 5 月	5 ~ 6 月	枝条（扦插）	50 ~ 100 根
山鸡椒	2 ~ 3 月	7 ~ 8 月	全株（分株）	5 ~ 10 株
茴香	6 ~ 7 月	9 ~ 10 月	成熟种子或全株	50 ~ 100 克或 5 ~ 10 株
紫苏	7 ~ 11 月	8 ~ 12 月	成熟种子或全株	50 ~ 100 克或 5 ~ 10 株
薄荷	7 ~ 9 月	10 月	全株（分株）	50 ~ 100 株
生姜	6 ~ 8 月	10 ~ 12 月	地下根茎	1 000 克
花椒	4 ~ 5 月	8 ~ 11 月	全株或枝条（扦插）	5 ~ 10 株或 50 ~ 100 根

五、药食两用植物

湖南省药食两用植物主要有百合、金银花、玉竹、厚朴、黄精、白术、枳壳、玄参、鱼腥草等数十种。

百合（拉丁学名：*Lilium brownii* var. *viridulum* Baker），又名山丹、倒仙、摩罗、中逢花、百合蒜、蒜脑薯、夜合花等，为百合科百合属多年生草本球根植物。原产于中国。根分为肉质根和纤维状根两类，肉质根称为“下盘根”，多达几十条，吸收水分能力强，隔年不枯死，纤维状根称“上盘根”，发生较迟，在地上茎抽生 15 天左右、苗高 10 厘米以上时开始发生。茎直立，圆柱形，绿色，成熟时常有紫色斑点。有的品种（如卷丹、沙紫百合）在地上茎的腋叶间能产生“珠芽”；有的在茎入土部分，茎节上可长出“籽球”。珠芽和籽球均可用来繁殖。叶片总数有 100 多片，互生，无柄，披针形至椭圆状披针形。花大，多白色或红色，漏斗形，单生于茎顶。蒴果长卵圆形，具钝棱。6 月上旬现蕾，7 月上旬始花，7 月中旬盛花，7 月下旬终花，果期 7 ~ 10 月，结实率极低。（图 6-11）

金银花（拉丁学名：*Lonicera japonica* Thunb.），又名忍冬、金银藤、银藤、二色花藤、二宝藤，为忍冬科忍冬属植物忍冬及同属植物的统称。小枝细长，中空，藤为褐色至赤褐色。叶对生，卵形。枝叶均密生柔毛和腺毛。花色初为白色，渐变为黄色，黄白相映。球形浆果，熟时黑色。花期 4 ~ 7 月（秋季亦常开花），果熟期 10 ~ 11 月。金银花适应性很强，生于山坡灌丛或疏林，乱石堆，山脚路

旁及村庄篱笆边，在湖南各地均有野生分布。(图 6-12)

图 6-11　百合

图 6-12　金银花

玉竹 [拉丁学名: *Polygonatum odoratum*（Mill.) Druce], 又名萎、地管子、尾参、铃铛菜等，为百合科黄精属多年生草本植物。原产中国西南地区。根茎横走，肉质，黄白色，密生多数须根。叶面绿色，下面灰色。花腋生，通常 1 ~ 3 朵簇生。浆果蓝黑色。野生玉竹生于凉爽、湿润、无积水的山野疏林或灌丛中，花期 5 ~ 6 月，果期 7 ~ 9 月，栽培种植 2 ~ 3 年，秋季采挖。(图 6-13)

鱼腥草 [拉丁学名: *Houttuynia cordata* Thunb.]，又名折耳根、岑草、狗心草、狗点耳、蕺、紫蕺、野花麦等，为三白草科多年生宿根植物。原产中国，长江流域以南各地均有分布。茎呈扁圆柱形，表面棕黄色，具纵棱数条，节明显，下部节上有残存须根，质脆，易折断。叶互生，叶片卷折皱缩，展平后呈心形，全缘，叶柄细长，基部与托叶合生成鞘状。穗状花序顶生，黄棕色，搓碎有鱼腥气味。

黄精 [拉丁学名：*Polygonatum sibiricum* Red.]，又名老虎姜、黄鸡菜、笔管菜、爪子参、鸡爪参，为百合科黄精属多年生宿根植物。原产中国，多生长于海拔 800 ~ 2 800 米的林下、灌丛或山坡阴处，在我国湖南、湖北、黑龙江、吉林、河北、山西、陕西、内蒙古、宁夏、河南、山东、浙江等地广为栽培。根茎横走，圆柱状，结节膨大。叶轮生或互生，无柄。根状茎圆柱状。花序通常具 2 ~ 4 朵花，呈伞形状，花被乳白色至淡黄色。浆果，熟时黑色，具 4 ~ 7 颗种子。花期 5 ~ 6 月，果期 8 ~ 9 月。(图 6-14)

图 6-13 玉竹

图 6-14 多花黄精

照片采集包括生境照片、株高、花形、果实或种子形状，中药材成品等。信息采集包括植物的种类、株型、播种期、收获期、蕴藏量、用途、使用习惯、禁忌等。因药用植物种类多，收集时间各不相同，根据植物特性，适时收集。小颗粒种子数在 1 000 粒以上，宜用牛皮纸袋或者防潮保鲜袋装种子，做好干燥工作。根茎类植物可以采集地下部分或者全株活体保存。木本植物多采用当年生枝条，扦插或者嫁接保存。具体收集时间见表 6-2。

表 6-2 湖南药用植物资源样品采集部位及时间

<table>
<tr><th>种类</th><th>繁殖方式</th><th>花期</th><th>成熟期</th><th>采集部位</th><th>采集数量</th></tr>
<tr><td>厚朴</td><td rowspan="4">种子繁殖 / 扦插</td><td>5 ~ 6 月</td><td>8 ~ 10 月</td><td rowspan="4">成熟种子或枝条</td><td rowspan="4">50 ~ 100 克或 50 ~ 100 株</td></tr>
<tr><td>白术</td><td>5 ~ 7 月</td><td>8 ~ 10 月</td></tr>
<tr><td>黄精</td><td>4 ~ 6 月</td><td>6 ~ 7 月</td></tr>
<tr><td>枳壳</td><td>3 ~ 4 月</td><td>10 月</td></tr>
<tr><td>薄荷</td><td rowspan="4">分株繁殖</td><td>—</td><td>3 ~ 4 月</td><td rowspan="4">全株（分株）</td><td rowspan="4">50 ~ 100 株</td></tr>
<tr><td>八角莲</td><td>2 ~ 3 月</td><td>3 ~ 5 月</td></tr>
<tr><td>玄参</td><td>—</td><td>春季</td></tr>
<tr><td>鱼腥草</td><td>—</td><td>4 月</td></tr>
<tr><td>百合</td><td rowspan="3">根茎或球茎繁殖</td><td>—</td><td>7 ~ 9 月</td><td rowspan="3">地下根茎或球茎</td><td rowspan="3">1 000 克</td></tr>
<tr><td>淮山</td><td>—</td><td>9 ~ 10 月</td></tr>
<tr><td>玉竹</td><td>—</td><td>8 ~ 9 月</td></tr>
</table>

第七章　资料编录、种质资源移送及影像资料采集

第一节　资料编录

一、填写征集、调查表

按要求完整填写《种质资源征集表》和《种质资源调查表》，保证原始数据的真实性和准确性。根据实际情况，会填写的尽量填写，不会填写的要确认后再填写，避免随意填写。仔细阅读填表要求，对数值型数据，用阿拉伯数字填写，数值单位可使用亩、千克、米、度、厘米、毫米等。建议专人填写表格，以提高效率和准确度。最好由 2 人分别负责填写表格和标识牌，两人之间要分工明确，相互配合，确保表格和标识牌上的编号准确一致。

样品编号要严格按规定的格式填写，不得随意编号。普查与征集样品编号格式为“P+ 县行政区划代码 +3 位顺序号”；调查与收集样品编号格式为“年份 + 省行政区划代码 + 组别 + 3 位顺序号”。样品编号、照片编号、标本编号、电子版表格文件名须保持一致。具体编号规则见图 7-1，图 7-2。

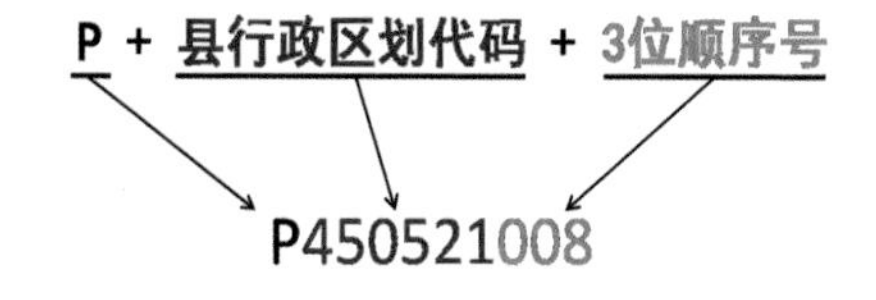

如果同一份资源有多个照片/标本/文件，则在样品编号后加“-”和顺序号，如“P450521008-1”

图 7-1　普查与征集样品编号规则

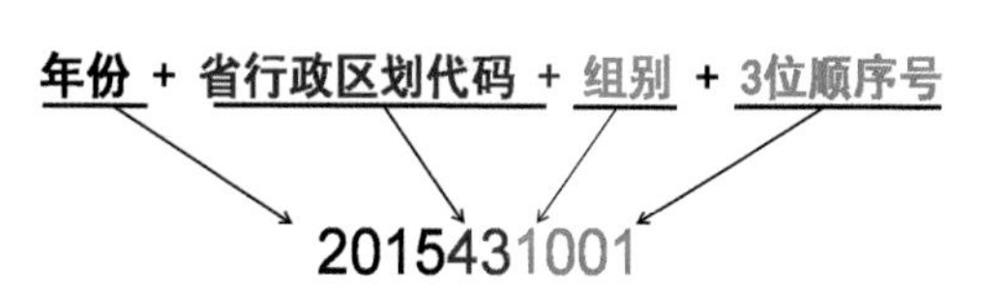

如果同一份资源有多个照片/标本/文件，则在样品编号后加“-”和顺序号，如“2015431001-1”

图 7-2　调查与收集样品编号规则

经纬度直接从GPS上读出，在GPS显示已定位后再读数。数据以“度”为单位，即ddd.dddddd度，不要用“dd度mm分ss秒”格式和“dd度mm.mmmm分”格式。一定要在GPS显示已定位后再读数。如：道县某地的经度为“119.123456”。

播种期、主要特性、种质用途、利用部位等信息，宜在实地调查时，询问当地技术人员或老农后，如实填写。科名、属名、种名、学名4项一般无须在野外填写，可在查阅资料后再填。

对表格中未涉及，同时又非常重要和特殊的资源信息，可在备注栏加以说明，如“某玉米资源只能秋种，不能春种，春种时籽粒不饱满或不结实”等。

照片临时编号的填写：每台相机都会自动生成一个唯一的照片编号，通过调整相机显示参数，可以直接从相机屏幕上读取。该编号可作为野外调查时照片的临时编号。每收集一份资源，都应及时记录该资源在相机上的临时编号，以便后期整理照片时一一对应。例如，收集水稻资源时照了8张照片，在相机上的编号为“4329，4330，4341，4342，4343，4344，4345，4346”，可填写为“4329-4330，4341-4346”。

二、整理资源、录入信息

由于每天调查资源数量多，不及时整理容易造成信息混乱，因此在回到驻地后，需及时整理当天收获的资源和信息。

建议每个小组至少携带3台笔记本电脑，2台负责表格信息录入，1台负责照片整理。整理工作包括：第一，种质资源整理。按要求，对当天收集的种质资源进行分类整理和保存，需要寄回种质资源库的及时安排寄送。第二，调查表信息录入。第三，照片信息整理。第四，撰写工作日志。记录当天调查行程、调查地点、调查资源，以及经验、问题等。

表格及照片等的整理、录入方法如下：

（1）表格信息录入方法　对选项型数据，在填写纸质表格时，在选框里划✓，填写电子表格时，用■替换□，或直接用下划线“__”标示出选项。

（2）照片整理方法　及时将照片拷贝到电脑和移动硬盘中，保留原始记录，同时单独拷贝一份用于整理。每类信息照片不宜多，选择保留一张最好的即可。按照片编号的标准格式（调查编号-1、调查编号-2）命名保存。例如，在调查大豆资源时照了 8 张照片，记录为“4329-4330，4341-4346”，整理挑选出 3 张，则照片编号为 2015431001-1、2015431001-2、2015431001-3，录入到相应的文件夹中。如果为普查资源，则替换为普查编号。

（3）文件夹命名与整理方法　每个调查县以县名命名一个文件夹，将调查资料汇总目录、调查表、资料交接表、资源文件夹、其他资料放入该文件夹内。每份资源建立一个文件夹，以“资源编号 + 资源名称”命名，如 2015431001 糯玉米。调查资料电子版汇交文件夹格式见图 7-3。

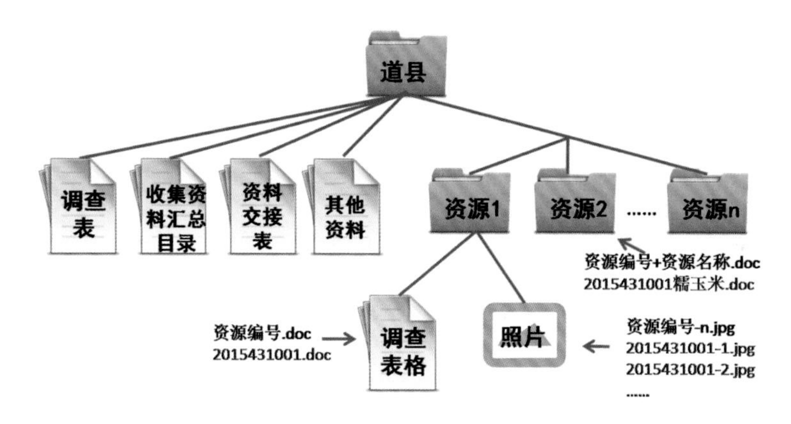

图 7-3　调查资料电子版汇交文件夹格式

第二节　种质资源材料的移送

一、文件、表格、照片的稿交流程

整理汇总后，纸质表格（征集表、调查表、汇总表、交接表等）应随同资源样品一起快递或送至种质资源库保管。同时，电子材料（包括样品的汇总表、征集表、样品图片）应通过电子邮件上报至种质资源库和科技处邮箱。填报系统开发后，则直接上传至系统中。(图 7-4)

为便于接收人员核对样品并及时编制接收清单，电子材料应早于实物发送至指定邮箱。

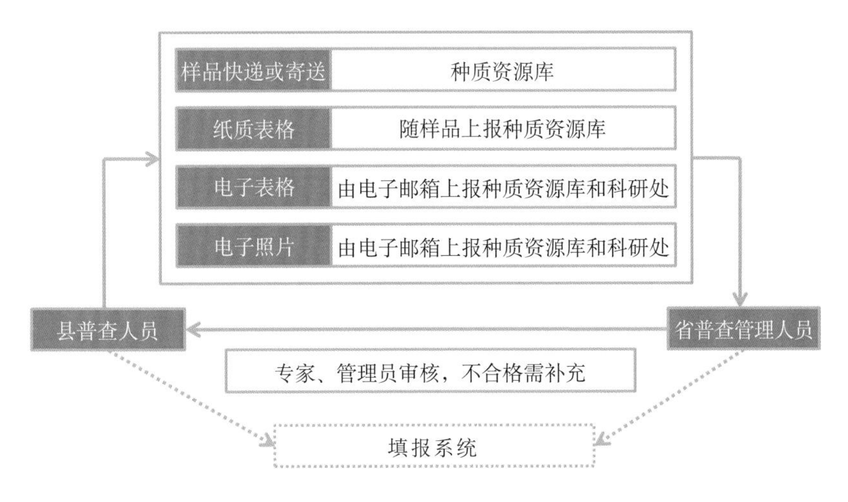

图 7-4　样品、表格、照片的移交流程

二、种质资源材料的寄送

（1）种质资源材料临时保存与寄送　枝条、鲜果收集后应尽快寄出，寄出前建议采用临时保存措施。枝条可插在盛有水的容器中临时保存。叶片可以暂时用塑料袋包装后冷藏。鲜果可用塑料袋单个（小果可装几个）独立包装，再放入大袋中（每个大袋都要有完整的标签），暂时冷藏。

选择健康、无病毒、可繁殖的种质资源材料寄送，剔除腐烂果实。邮寄时，枝条用保鲜膜包裹，再用湿毛巾或湿纸巾包住后装入塑料袋，保持枝条的湿润。种子未干燥前可用网袋装，风干或晒干后用信封袋装，邮寄时再加塑料袋密封包装。薯芋类等块茎、块根样本寄送宜用谷糠等透气抗震材质垫底，用纸箱包装寄送，防止刮伤营养组织，忌用塑料袋等不透气材料包装。不同的种质资源宜分类保存，分装邮寄，每袋的标签应完整。（图 7-5 至图 7-8）

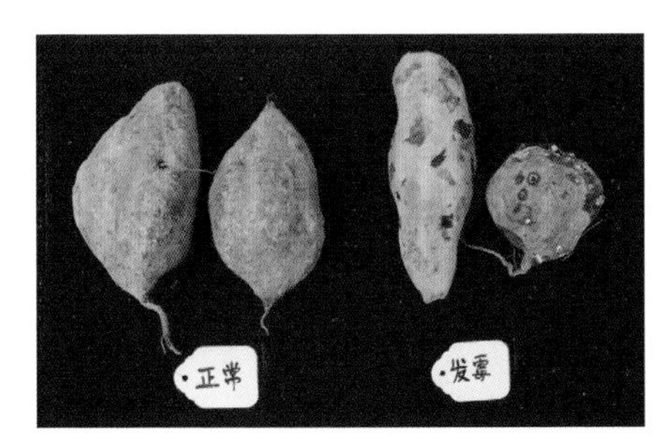

图 7-5　合格和不合格的甘薯

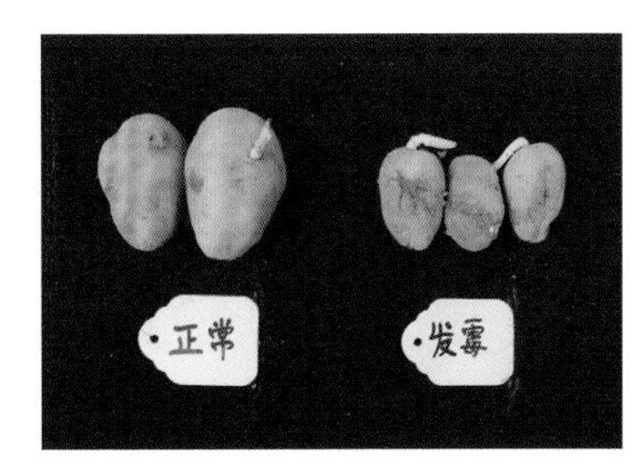

图 7-6　合格和不合格的马铃薯

图 7-7　合格的送样方式

图 7-8　不合格的送样方式

（2）标签要求　每份样品应分别在外包装显著位置和包装内放置写有详细信息的标签。要求使用防水材质标签，并书写正确、工整、清晰。

（3）纸质表格填写　务必保证汇总表、征集表、标签中的样品名称、编号，以及种类、数量一致；应填写该批次样品采集的具体负责人，便于及时核实和反馈资源信息；汇总表上应注明样品的特殊情况，如：陈种、未进行干燥处理、使用杀虫剂、当年发生的病虫害等，以便接收人员及时处理。

三、资源接收地址和接收证明

（一）接收地址

（1）电子材料发送邮箱　湖南省农业科学院科技处：hnsnkykyc@126.com；或湖南省农作物种质资源库：zzk126@126.com。

（2）种质资源邮寄地址与联系方式　邮寄地址：湖南省长沙市芙蓉区东湖街道远大二路 892 号湖南省农业科学院实验大楼一楼种质资源库收。联系电话：0731-84691710。

（二）接收证明

湖南省农作物种质资源库在收到普（调）查单位送存的种质资源材料后，需向送样单位提供接收清单和接收证明（图 7-9，图 7-10）。对于直接交送样品且电子材料齐全的单位，种质资源库接收人员在当场清点核对资源样品后开具接收证明；对于收到邮寄的样品但尚未接收到电子材料的单位，种质资源库接收人员在收到样品和电子材料的 3 ～ 5 个工作日之内，以电子文件形式将接收证明发送至送样单位邮箱。

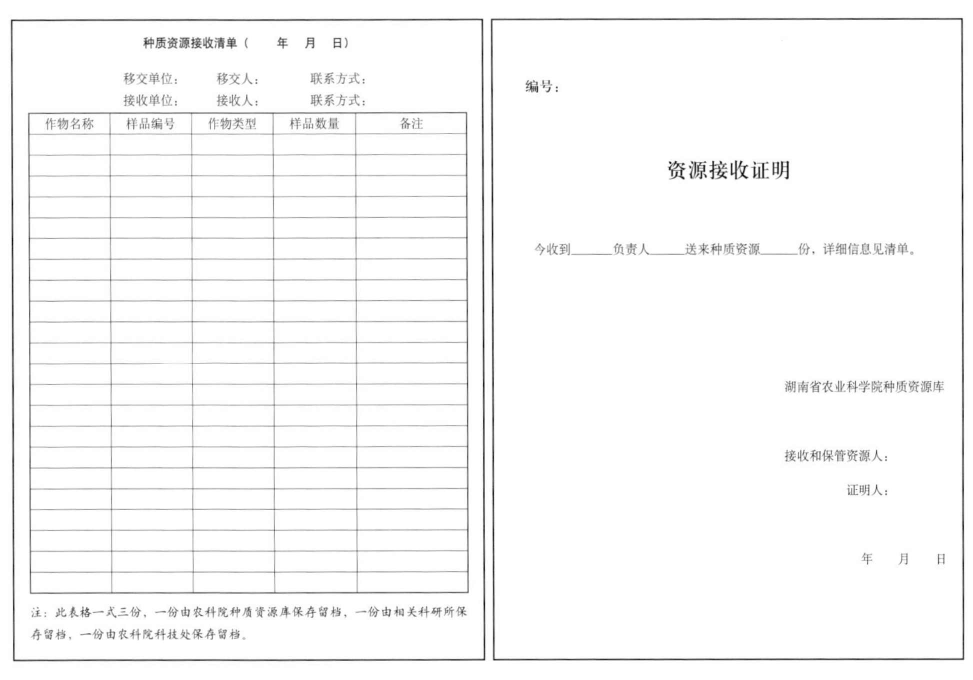

种质资源接收清单（　年　月　日）

移交单位：　移交人：　联系方式：
接收单位：　接收人：　联系方式：

作物名称	样品编号	作物类型	样品数量	备注

注：此表格一式三份，一份由农科院种质资源库保存留档，一份由相关科研所保存留档，一份由农科院科技处保存留档。

编号：

资源接收证明

今收到_____负责人_____送来种质资源_____份，详细信息见清单。

湖南省农业科学院种质资源库

接收和保管资源人：

证明人：

年　月　日

图 7-9　种质资源接收清单　　　　图 7-10　资源接收证明

种质资源样品经专家核实为不合格的，种质资源库将信息汇总后，统一反馈给送样单位，标注不合格的样品需重新采集。

四、种质资源转移

种质资源库接收到样品后，按作物类型进行分类登记，分两种方式进行转移：①非种子形式的资源样品转移至相关研究单位繁殖、保存；②种子形式的资源样品一份保留在种质资源库，另一份转移至相关研究单位进行主要农艺性状评价和

扩繁。双方签订资源转移保存证明及资源转移繁种和利用协议。(图 7-11,图 7-12)

编号：

资源转移保存证明（苗木类、块茎块根类）

今应院________(院相关研究所）申请，将________县________(姓名）送来的________(作物）种质资源____份交由其代为保存，详细信息见清单。

湖南省农业科学院种质资源库

接收资源信息人：　　证明人：

代为保存资源人：　　代为保存单位（盖章）

年　月　日

图 7-11　资源转移保存证明

编号：

资源转移繁种和利用协议

今应院________(院相关研究所)________(姓名）课题组申请，将______县________(姓名）等送来的________(作物）种质资源材料____份交由其繁种、评价、利用，获取种子后第 2 ～ 3 年内将按入库要求繁殖评价种子交院种质库中、长期保存，详细信息见清单。

湖南省农业科学院种质资源库

审批人：　　资源保存分发人：

繁种利用申请人：　　繁种利用单位（盖章）

年　月　日

图 7-12　资源转移繁种和利用协议

在种质资源转移工作中，首先，要加强种质资源库工作人员的专业培训：掌握各种样品的临时贮藏技术；掌握种质资源样品的分类标准和相关研究单位信息；对分类不明确的资源及时联系相关人员进行确认。其次，每个转移单位应明确 1 ～ 2 位专职负责人，以保证接收的样品得到及时妥善的保存。

第三节　种质资源影像采集

一、拍摄前准备

（一）人员安排及学习

安排 1 ～ 2 人专门负责种质资源的拍摄。出发前熟悉相机的使用及设置方法，学习摄影的基本知识。重点掌握相机拍摄模式、白平衡（WB）、ISO 感光度、光圈、快门等设置方法和使用环境。

（二）拍摄设备

（1）相机　使用单反相机或分辨率在500万像素以上的数码相机，有条件的尽量配备单反相机。单反相机无闪光灯的，应增配闪光灯。

（2）存储设备　应配备内存容量较大的SD存储卡2张，SD存储卡容量应在16 G以上。

（3）相机配件　建议采用横杆三脚架，以增强稳定性，保证画面质量。

（4）背景布和背景板　选择不反光的软布或亚克力板，颜色选择灰色、蓝色、白色、黑色或红色，并根据不同植物的颜色选择适合的背景布或亚克力板，以与种质资源颜色相不冲突为宜。

（5）色阶卡　放于标本拍摄画面中，可供后期修饰画面。

（6）度量尺　选择30厘米木直尺，以及3米以上黄底黑色刻度线的卷尺，作为摄影辅助度量。

（7）标签牌及记号笔　选择标签牌和笔迹较粗的记号笔。

（三）相机像素设置

出发拍摄前将相机像素调到500万（2 560×1 920）以上，并保证照片容量大小在2 M以上。调试后可试拍并拷贝到电脑中查看所拍摄的照片情况，并进一步调节设置。

二、种质资源拍摄要求

（一）照片组成

（1）植物信息照片　主要包含：①植物生境；②植物群落；③植物整体；④植物局部（根、茎、叶、花、果实等）；⑤典型特征的标本。

（2）民族文化和植物利用照片　与种质资源有关的风俗习惯、文化、使用方式等反映当地种质资源利用的照片。（图7-13，图7-14）

（3）工作照片　拍摄调查人员、调查地车站名称、走访单位标牌、调查场景、访问人员合影、设置样方、测量、收获资源、内业整理场景等。（图7-15至图7-18）

图 7-13　少数民族服饰

图 7-14　瑶族油茶

图 7-15　调查人员合影

图 7-16　走访单位

图 7-17　调查现场

图 7-18　内业整理现场

（4）摄像　有选择地对以上内容进行摄像，全面反映调查情况。

（二）植物信息照片拍摄要求

1．植物生境

拍摄能够反映调查植物生长环境及周边地形地貌的影像资料，如高山、平地、湖边、屋旁等。可采用相机的自动模式（Auto）或风景模式拍摄，构图要美观合理，画质清晰。（图 7-19，图 7-20）

图 7-19　植物生境（高山）

图 7-20　植物生境（丘陵）

2．植物群落

拍摄反映调查植物附近典型的植物群落组合的图像资料。可采用相机的自动模式或风景模式拍摄。要求目标植物突出，伴生植物清晰，画面平稳不抖动。（图 7-21，图 7-22）

3．植物整体

选择没有病虫害和人为破坏干扰、发育正常、成熟的种质资源植株进行拍摄。拍摄植株时要拍下完整植株，突出主题，避免将其他杂物拍摄到画面中。可用卷尺，

或让调查人员站在农作物旁边作为参照，反映植物的高度、茎直径等信息。可采用自动模式拍摄。（图 7-23，图 7-24）

图 7-21　植物群落（全景）

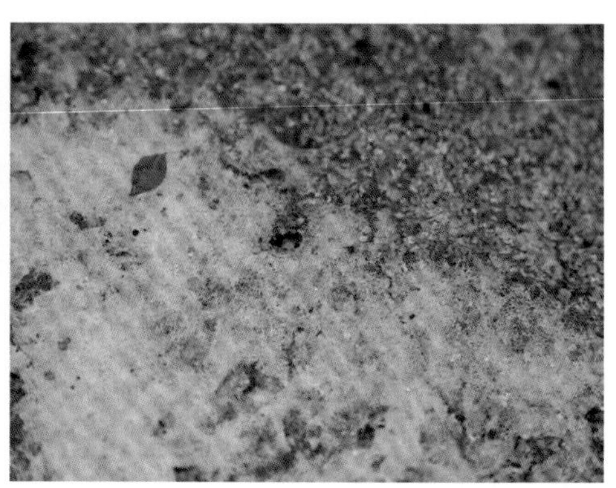

图 7-22　植物群落（细节）

图 7-23　植物整体（水芋头）

图 7-24　植物整体（枣树）

4. 植物局部

选择能反映农作物特征的根、茎、叶、花、果实等典型部位，特别是具有分类学意义的局部或者具有利用价值的部分进行拍摄。背景复杂时可摘下拍摄体，放到摄影布上拍摄。为了展示器官的尺寸，可在拍摄物旁摆放标尺。采用相机的光圈优先（AV）或微距摄影模式拍摄，光圈优先模式下采用大光圈拍摄，有风的情况下可选择快门优先模式（TV），选择高对比的背景，背景相对虚化。（图 7-25 至图 7-28）

图 7-25 植物局部（果实）

图 7-26 植物局部（叶）

图 7-27 植物局部（种子）

图 7-28 植物局部（花）

5．标本

（1）标本照片的构成　标本照片信息主要包含标签牌、种质资源标本和辅助工具（度量尺、色阶卡等）。

（2）标本照片的布置　选择合适的背景布，展平、铺开在平整的地面上，采集完整的根、茎、叶、花、果实样本摆放在背景布上，摆放要整齐、美观。标本的选择不宜太多，能够反映种质资源特征信息即可，避免冗繁、杂乱。摆放前可对影响拍摄和美观的小枝、叶片进行修剪。叶片应有正面和背面，果实应有正面、反面、侧面、横切面和纵切面。带果荚的需剥开部分果荚，展示果荚内部及种子信息。

准备 2 张标签牌，正面写资源编号和名称，背面写采集地点、采集人及采集时间，其中时间采用“NNNNYYRR”八位数表示；标签书写宜用油性记号笔，字迹应清楚、工整、易识别，建议标签牌统一放于拍照画面的同一位置，一般放于正下方或右下角。（图 7-29）

同时，将直尺、卷尺、色阶卡放置于标本旁作为参照。标签、度量尺、色阶卡等应与被拍摄标本保持一定距离，应避免与被拍摄标本重叠，方便后期使用图片时进行裁剪。（图 7-30）

××县××镇××村××组
采集人姓名
20151013

图 7-29　标签书写规范

图 7-30　标本照片

（3）标本照片的拍摄　拍摄主体尽量布满相机取景框或屏幕，相机镜头尽可能靠近拍摄物体，拍摄中应尽可能保持稳定，以提高画面的清晰度。拍摄时，应垂直于被拍摄物体。若是使用非单反相机（如卡片机），应通过调节相机与拍摄物体的距离进行拍摄，使用变焦功能应保持在光学变焦范围（卡片机分光学变焦和数码变焦，数码变焦会使得放大的画面模糊）。采用自动（Auto）、光圈优先（AV）或微距模式进行拍摄。

三、不同类别作物种质资源拍摄要点

（一）粮油资源

水稻及旱作等粮食作物资源应有种子、穗条、叶片等信息。种子应去壳展示内部信息，较小的种子可盛放在培养皿中进行拍摄。花生等有果荚的作物，应含有完整果荚、果荚内部、种子的照片；玉米应剥去部分玉米粒，以便拍摄到玉米棒的信息，玉米粒摆成圈，数量为玉米棒穗行数。（图 7-31 至图 7-34）

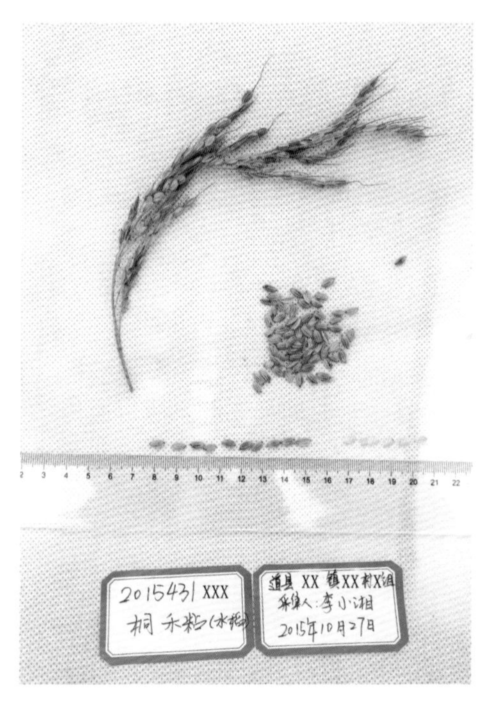

图 7-31　水稻

图 7-32　油菜

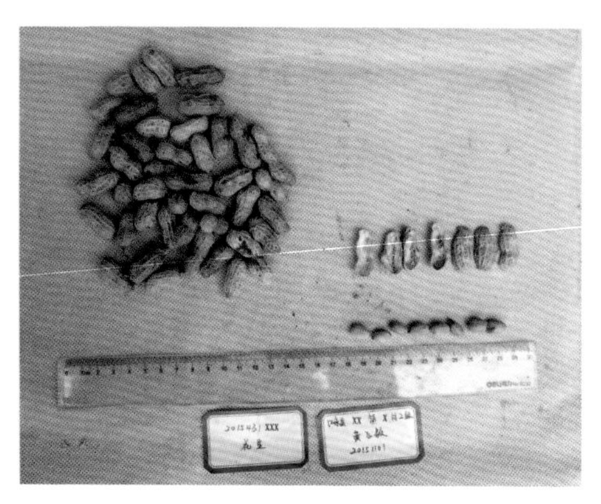

图 7-33　花生

图 7-34　玉米

（二）蔬菜资源

蔬菜资源应有枝条、正面和背面叶片、花、食用部位等，有果荚的应包含完整果荚、果荚内部、种子等，种子可单独拍摄特写照片。(图 7-35 至图 7-40)

图 7-35　秋小豆

图 7-36　南瓜

图 7-37 紫叶芥菜

图 7-38 大蒜

图 7-39 葱

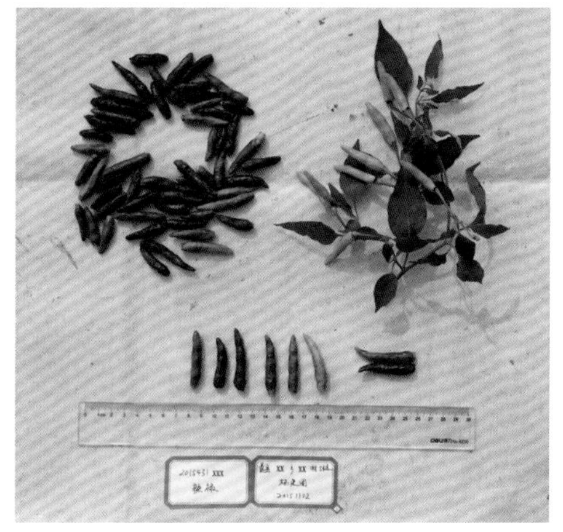

图 7-40 辣椒

（三）果树、茶树资源

果树资源应有枝条，正、背面叶片，花，以及正面、反面、侧面、横切面、纵切面 5 个果实。(图 7-41 至图 7-43)

茶树资源应有体现叶片着生情况的枝条、正面及背面叶片、芽、果实、种子。(图 7-44)

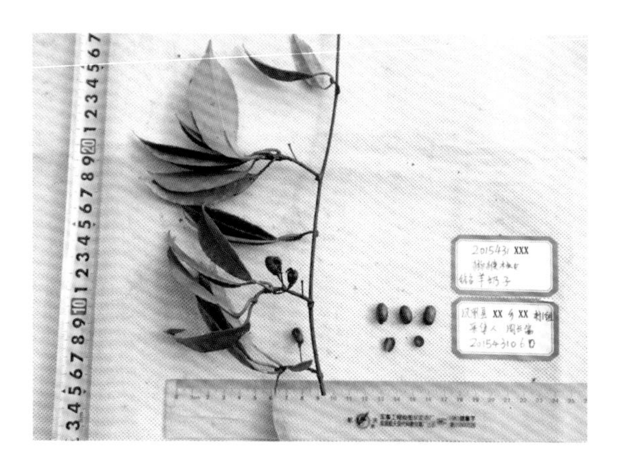

图 7-41　猕猴桃

图 7-42　野柿

图 7-43　柚子

图 7-44　茶

专业术语

第三章

稻种资源：选育栽培稻新品种的基础材料和用于其他科学研究的稻属材料，包括稻的栽培种（常规稻、杂交稻亲本）、野生种的繁殖材料以及利用上述繁殖材料产生的各种遗传材料。

常规稻资源：由遗传基础纯合群体（品种）繁殖的栽培稻种子。

野生稻：野生稻是禾本科稻属野生种的总称。目前，世界上较公认的有 21 个野生种。野生稻在中国有三种：普通野生稻（*Oryza rufipogon* Griff.）、药用野生稻（*Oryza officinalis* Wall.）、疣粒野生稻（*Oryza meyeriana* Baill.）。湖南省内目前只发现普通野生稻。

株高：是植物形态学调查工作中最基本的指标之一，其定义为从植株基部至主茎顶部即主茎生长点之间的距离。

株型：株型一般分为叶型、茎型、穗型和根型等。叶型和茎型明显地影响田间群体结构状况和小气候，研究它们对利用和改善田间小气候、提高光能利用率和作物产量有着重要意义，因此农业气象研究中对株型观测着重于作物的叶型和茎型。观测株型是栽培和育种工作所必需的。在实际观测中，根据不同的目的要求，观测的项目和方法是不同的。就叶型来说，主要观测叶面积、叶面积密度、叶倾角、叶方位和叶片厚度等。

叶形：就是叶子的形状，也就是叶片的轮廓。叶形也是植物分类的重要根据之一。不同的植物，叶形的变化很大。有的叶形是两种形状的综合，例如它既像卵形，又像披针形，称为卵状披针形；既像匙形，又像倒披针形，则称为匙状倒披针形。

熟期：指作物果实成熟期所需时间，人们习惯于用农作物品种生育期的长短作为划分品种熟期类型的主要依据。

第四章

开展度：蔬菜作物采收盛期植株最宽株幅与其垂直的株幅两者的平均值。

无性繁殖：是指不经过两性生殖细胞结合，由母体的一部分直接产生子代的繁殖方法，主要用于多年生蔬菜、水生蔬菜和葱蒜类蔬菜的繁殖（营养生殖）。蔬菜无性繁殖方法有扦插、嫁接、分株等。

分株繁殖：是把蔬菜植株的地下茎（球茎、根茎、匍匐茎等），从母株上分割下来，另行栽植而成独立新株的方法。分株法分为全分法和半分法两种。

扦插：剪取蔬菜的茎、枝条插入苗床中，使其生长为一棵完整的植株，这种方式叫扦插。用作扦插的根、茎等叫作插穗。

有性繁殖：是指由亲代产生有性生殖细胞，经过两性生殖细胞的结合，成为受精卵，进而发育成为新个体的生殖方式。绝大部分蔬菜采用这种繁殖方式，即种子繁殖。

第五章

主干周径：距离地面 10 厘米处主干周长。

冠幅：植株枝叶在空间中的伸展面积。即测量枝展的最长方向的距离 a，单位米，垂直于最长距离方向的枝展距离为 b，单位米，冠幅即为 $a \times b$，单位米 ^{2}。

果树产量：随机抽取 3 ～ 5 个枝条的结实量来估算整株的结实量。对于结实量不多的果树则全株计数。

生物学特征：包含生物学特性及经济特性。生物学特性包含植株的形态特征，枝条、叶片、花、果实、种子等的植物学性状与生物学性状，土壤类型、伴生物种以及气候与生态等。经济特性包含树性、适应性、抗逆性、产量、品质、成熟期和贮藏性、适宜用途等和主要优缺点、当地群众评价和利用途径。

第六章

产量：农业上的产量是指植物经济意义方面的收获物。草本植物随机抽取一定单位面积上的植株使用部位（包括植株全株或者种子）的产量计算；木本植物随机抽取 3 ～ 5 个枝条的结实量来估算整株的结实量，而对于结实量不多的果树则全株计数。

蕴藏量：药用植物资源的蕴藏量是指药用植物在一定时间和区域范围内的自然蓄积量。蕴藏量可分为总蕴藏量和可利用蕴藏量。

绿肥：是指利用植物生长过程中所产生的全部或部分绿色体，直接或异地翻压或者经堆沤后施用到土地中作肥料的绿色植物体，通俗的说，就是用绿色植物体制成的肥料。

参考文献

第二章

[1] 张文绪，裴安平 . 澧县梦溪八十垱出土稻谷的研究 [J]. 文物，1997，1：36-41.

[2] 张文绪，袁家荣 . 湖南道县玉蟾岩古栽培稻的初步研究 [J]. 作物学报，1998，24(4)：416-420.

[3] 孙桂芝 . 湖南稻种资源分类及遗传性状多样性分析 [J]. 作物研究， 1990，4(4)：12-18.

[4] 湖南省农业经济与农业区划研究所 . 湖南水稻比较优势分析 [J]. 中国农业资源与区划，2002，23(6)：39-42.

[5] 周贤君，邹冬生，王敏 . 湖南省主要农作物区域比较优势分析 [J]. 农业现代化研究，2009，30(6)：712-715.

[6] 李小湘，段永红，王淑红 .DB43/T 266.3—2008 稻种资源评价第 3 部分：野生稻资源评价 [M]. 湖南省质量技术监督局，2008.

[7] 李小湘，王淑红，段永红，等 . 普通野生稻保护和未保护居群遗传多样性的比较 [J]. 植物遗传资源学报，2007，(4)：379-386.

[8] 张贻礼，胡万选 . 湖南省茶树品种资源调查报告 [J]. 茶叶通讯，1985，(4)：15-17.

[9] 刘振，赵洋，杨培迪， 等 . 湖南省茶树种质资源现状及研究进展 [J]. 茶叶通讯，2011，3(38)：7-10.

[10] 张兴伟，王志德，牟建民，等 . 我国烟草种质资源现状与展望 [J]. 中国烟草科，2009，30(6)：78-83.

[11] 潘一乐 . 我国桑种质资源及桑育种研究的概况和进展 [J]. 江苏蚕业，1995，(1)：6-8.

[12] 聂军，廖育林，彭科林，等 . 湖南省绿肥作物生产现状与展望 [J]. 湖南农业科，2009，(2)：77-80.

[13] 李子双，廉晓娟，王薇，等 . 我国绿肥的研究进展 [J]. 草业科学， 2013，(7)：1135-1140.

[14] 郭振锋，董利萍，蔡国军，等 . 我国的主要辛香料资源及开发利用 [J]. 中国林副特产，2009，(2)：68-72.

[15] 黄璐琦，彭华胜，肖培根 . 中药资源发展的趋势探讨 [J]. 中国中药杂志， 2011, 36(1)：1-4.

[16] 张惠源，赵润怀，袁昌齐，等 . 我国的中药资源种类 [J]. 中国中药杂志， 1995，20(7)：387-390.

第三章

[1] 应存山 . 中国稻种资源 [M]. 北京：中国农业科技出版社，1993.

[2] 中华人民共和国国家统计局 . 中国统计年鉴 -2015[M]. 北京：中国统计出版社，2015.

[3] 李稳香，田全国，等 . 种子生产原理与技术 [M]. 北京：中国农业出版社，2005.

[4] 李小湘，段永红，王子平，等 .DB43/T 266.1—2005 稻种资源评价第 1 部分：常规稻资源评价 [M]. 湖南省质量技术监督局，2005.

[5] 李小湘，刘勇，段永红，等 . 利用 SSR 分析普通野生稻自然居群交配系统 [J]. 中国水稻科学，2010，(6)：601-607.

[6] 李小湘，詹庆才，魏兴华，等 . 湖南江永普通野生稻原位和异位保存种质的 SSR 多样性差异 [J]. 中国水稻科学，2006，(4)：361-366.

[7] 段永红，李小湘，刘文强，等 . 湖南稻种资源主要特征特性与利用状况 [J]. 植物遗传资源学报，2013，(6)：1059-1063.

[8] 青先国 . 湖南水稻生产发展的对策与关键技术 [J]. 中国稻米，2013，19(1)：7-9.

[9] 段永红，段传嘉 . 优质香稻种质创新与利用研究 [J]. 作物品种资源，1999，(2)：5-7.

[10] 李友荣，魏子生，侯小华 . 水稻多抗性品种的选育研究 [J]. 中国稻米， 1995，(1)：3-5.

[11] 李小湘，段永红，彭新德，等 . 湖南水稻种质资源研究进展与共享对策 [J]. 湖南农业科学，2006，(1)：17-19.

[12] 陈社员，官春云，王国槐，等 . 双低油菜新品种湘油 15 号的选育 [J]. 湖南农业大学学报：自然科学版，2003（2）：103-105.

[13] 陈社员，官春云 . 双低油菜品种湘油 13 号选育及品种特性研究 [J]. 湖南农业大学学报：自然科学版，1998（4）：277-281.

[14] 湖南省作物研究所 . 湖南省旱粮油料品种资源目录 [M]. 北京：中国农业出版社，1994.

[15] 湖南省野生大豆考察组 . 湖南野生大豆考察报告 [J]. 湖南农业科学，1982，(6)：43-46.

[16] 李莓，张琼英，曲亮 . 湖南油菜发展展望 [J]. 湖南农业科学，2007，(5)：139-141.

[17] 周虹，张超凡，黄艳岚，等 . 湖南省甘薯开发利用的现状、问题及对策 [J]. 湖南农业科学，2008（1）：88-91.

[18] 何录秋，杨文淼，周媛平，等 . 湖南小杂粮生产现状及其产业发展优势与对策 [J]. 安徽农业科学，2015，43(23)：314-316.

第四章

[1] 曾鸣，朱海泉 . 湖南黄瓜品种资源研究（上）[J]. 长江蔬菜，1988，(4)：21.

[2] 孔庆东 . 中国水生蔬菜品种资源 [M]. 北京：中国农业出版社，2004.

[3] 李树宝 . 湖南省辣椒品种资源简介 [J]. 作物品种资源，1985，(2) 46-47.

[4] 马艳青，刘志敏，邹学校 . 辣椒种质资源的 RAPD 分析 [J]. 湖南农业大学学报：自然科学版，2003，29 (2)：120-123.

[5] 戚春章，胡是麟，漆小泉 . 中国蔬菜种质资源的种类及分布 [J]. 作物品种资源，1997，(1)：1-5.

[6] 姚元干 . 湖南省大蒜品种资源调查 [J]. 湖南农业科学，1985，(5)：11-15.

[7] 张广平 . 辣椒多态性 EST-SSR 标记的鉴定和开发 [D]. 中南大学，2012.

[8] 张继仁 . 湖南辣椒品种资源初步研究 [J]. 湖南农业科学，1979，(3)：25-30.

[9] 中国农业科学院蔬菜花卉研究所 . 中国蔬菜品种资源目录：第一册 [M]. 北京：万国学术出版社，1992.

[10] 邹学校，戴雄泽，马艳青，等 . 湖南辣椒地方品种资源与湘研辣椒品种选育的灰色关联分析 [J]. 植物遗传资源学报，2004，5 (3)：233-238.

[11] 邹学校，戴雄泽，马艳青，等 . 湖南辣椒地方品种资源的因子分析及数量分类 [J]. 植物资源遗传学报，2005，6 (1)：37-42.

[12] 邹学校 . 辣椒杂交亲本选配的多层次模糊综合评判 [J]. 上海蔬菜，1990，(1)：20-22.

第五章

[1] 曾柏全，邓子牛，熊兴耀，等 . 湖南宽皮柑橘 EST-SSR 反应体系研究 [J]. 中国农学通报，2009， 25(21)：244-247.

[2] 曾斌，李健权，杨水芝，等 . 果树种质资源保存研究进展 [J]. 湖南农业科学， 2011，(11)：22-24.

[3] 陈祖玉 . 野生葡萄种质资源的保存、鉴定与评价 [D]. 湖南农业大学，2001.

[4] 胡芳名，谢碧霞，张在宝，等．湖南柿树资源及开发利用 [J]. 经济林研究，1989，(1)：1-3.

[5] 李昌珠，蒋丽娟．湖南野生果树资源开发利用初探 [J]. 湖南林业科技，1995，(3)：44-47.

[6] 李润唐，李典范，陈新年，等．湖南地方梨资源研究Ⅳ．浏阳山区地方梨生物学性状和植物学特性调查 [J]. 湖南农业科学，1999，(6)：41-42.

[7] 李润唐，张映南，陈梦龙，等．莽山野生宽皮柑橘分类研究 [J]. 广东农业科学，2009，(8)：11-13.

[8] 李润唐．湖南地方梨花粉形态观察 [J]. 果树学报，2001，18(5)：305-307.

[9] 李文斌．湖南沅江县酸橙资源的研究 [J]. 中国南方果树，1990，(2)：14-15.

[10] 廖振坤．湖南柑橘种质资源评价及主要病害分子鉴定 [D]. 湖南农业大学，2007.

[11] 林文力，王兴辉，黄瑞康，等．湖南罗霄山片区果树产业发展现状 [J]. 湖南农业科学，2015，(9)：142-144.

[12] 刘克明．湖南野生果树种质资源及其评价 [J]. 湖南师范大学自然科学学报，1994，(3)：72-76.

[13] 刘连森，贺善文，林美红．湖南省果梅品种资源种质杂化状况的初步研究 [J]. 园艺学报，1993，(3)：225-230.

[14] 刘世彪，陈功锡，朱杰英，等．武陵山地区野生果树种质资源及其开发利用 [J]. 果树学报，2002，19(6)：399-405.

[15] 彭友林，王文龙．湖南省野生果树名录 [J]. 常德高等专科学校学报，1999，(1)：53-57.

[16] 彭友林，王文龙．湖南省野生果树资源的研究 [J]. 生命科学研究，2001，5(3)：246-249.

[17] 王仁才，熊兴耀，庞立．湖南猕猴桃产业发展的问题及建议 [J]. 湖南农业科学，2015，(5)：124-127.

[18] 魏文娜，王琦瑢，李润唐．湖南省野生葡萄资源调查 [J]. 湖南农学院学报，1991，(3)：447-451.

[19] 张珉，钟晓红，李良导．皱皮柑果皮中主要黄酮类成分分析 [J]. 湖南农业大学学报：自然科学版，2009，35(3)：292-294.

[20] 张贻次，吴思政，彭春良，等．湖南可食性野生果树种质资源多样化与开发利用潜力的研究 [J]. 经济林研究，1996，(S1)：77-83.

[21] 张贻礼，胡万选．湖南省茶树品种资源调查报告 [J]. 茶叶通讯，1985，(4)：15-17.

[22] 张长虹，黄云辉，侯伯鑫，等．山核桃属植物在湖南的利用现状及发展对策 [J]. 湖南林业科技，2005，32(6)：78-80.

[23] 肖力争，陈岱卉 .2015 年湖南省茶产业发展报告 [C].2015 年湖南茶叶产业发展研究报告，2015：2-5.

[24] 白堃元，虞富莲，杨亚军，方嘉禾 . 中国茶树品种志 [M]. 上海：上海科学技术出版社，2001.

[25] 杨亚军，梁月荣 . 中国无性系茶树品种志 [M]. 上海：上海科学技术出版社，2014.

[26] 李赛君，郑红发，罗意，等 . 优质抗寒红茶新品种——潇湘红 21-3 选育研究报告 [J]. 茶叶通讯，2012，39（1）：3-7.

[27] 刘宝祥 . 论优质抗寒大叶红茶品种选育 [J]. 茶叶通讯，1990，(3)：27-30.

[28] 王威廉，张贻礼 . 茶树良种槠叶齐选育研究报告 [J]. 茶叶通讯，1987，（3）：1-5.

[29] 张贻礼 . 茶树新品种白毫早选育研究报告 [J]. 茶叶通讯，1988，(4)：20-23.

[30] 王融初. 茶树新品种——东湖早选育研究报告 [J]. 湖南农学院学报，1988，(4)：81-91.

[31] 杨阳，向天颂，刘振，等 . 特早生高氨基酸优质绿茶茶树品种黄金茶 2 号选育研究 [J]. 茶叶通讯，2013，40（3）：5-10.

[32] 张湘生，彭继光，龙承先，等 . 特早生高氨基酸优质绿茶茶树新品种保靖黄金茶 1 号选育研究 [J]. 茶叶通讯，2012，39（3）：11-16.

[33] 刘富知，周跃斌，黎星辉，等 . 优质高产绿茶新品种——湘妃翠选育研究报告 [J]. 茶叶通讯，2001，(03)：11-14.

[34] 陈亮，虞富莲，杨亚军 . 茶树种质资源与遗传改良 [M]. 北京：中国农业科学技术出版社，2006.

[35] 江昌俊 . 茶树育种学 [M]. 北京：中国农业出版社，2005.

第六章

[1] 佟道儒. 烟草育种学 [M]. 北京：科技出版社，2004：16-19.

[2] 刘艳华，王志德，牟建民，等 . 烟草种质繁种更新理论与技术 [J]. 植物遗传资源学报，2009，10(4)：618-622.

[3] 苏德成 . 烟草育种 [M].2 版 . 北京：中国财政经济出版社，2000.

[4] 许涛，李瑞雪，王钰婷，等 . 桑树育种研究进展 [J]. 现代农业科技，2014，5：289，291.

[5] 何君，李宝章，唐汇清，等 . 湖南省桑树种质资源鉴定与育种研究概述 [J]. 中国蚕业，2012，3(4)：8-11.

[6] 施炳坤 . 我国桑树资源、作物品种资源研究 [M]. 北京：农业出版社，1984：341-322.

[7] 中国农业科学院蚕业研究所 . 中国桑树品种志 [M]. 北京：农业出版社， 1993：6-10.

[8] 焦彬 . 中国绿肥 [M]. 北京：中国农业出版社，1986：28-35.

[9] 中华人民共和国农业部 . 中国农业统计资料 [M]. 北京：中国农业出版社，2008：21-31.

[10] 幸治梅，刘勤晋，陈文品 . 天然植物香料在食品中的利用现状 [J]. 中国食品添加剂， 2003，2：56-59.

[11] 林进能 . 食用香料植物及其开发应用 [M]. 北京：轻工业出版社，1991：27-32.

[12] 欧阳欢，龙宇宙 . 建设国家热带香料饮料作物种质资源圃的思考 [J]. 中国野生植物资 源，2008，(27)5：38-40.

[13] 李晓霞，杨虎彪 ，王建荣，等 . 我国热带香料植物种质资源 [J]. 安徽农业科学，2009，37(5)：2129-2131.

[14] 黄璐琦，郭兰萍，崔光红，等 . 中药资源可持续利用的基础理论研究 [J]. 中药研究与信息，2005，7(8)：4-6，29.

[15] 董静洲，易自力，蒋建雄 . 我国药用植物种质资源研究现状 [J]. 西部林业科学，2005， (34)2：95-101.

[16] 赵运林，喻勋林，傅晓华，等 . 湖南药用植物资源 [M]. 长沙：湖南科学技术出版社，2009：1-6.

附　录

附录一

湖南省农作物种质资源征集材料接收流程及要求

一、湖南省农作物种质资源征集材料接收流程

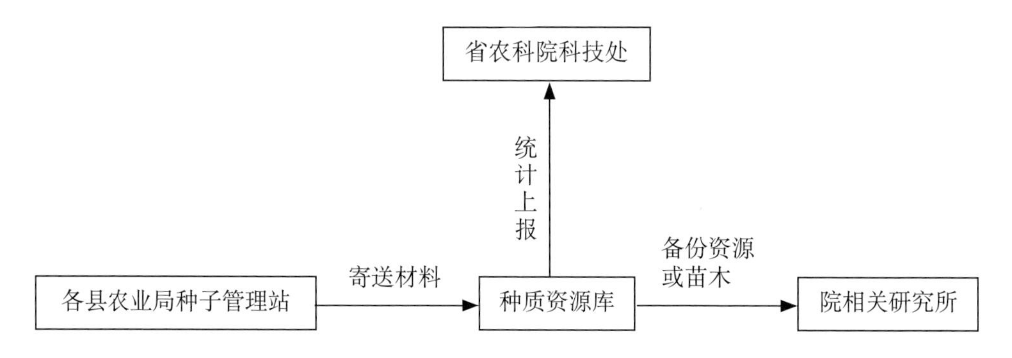

二、各县农业局种子管理站负责人与省农科院交接要求

1．各县农业局种子管理站负责人在采集种质资源时，及时电话联系省农科院科技处负责人及相关专家（附件 7)，确认种质资源的类别、分类方法、数量要求和注意事项，每份种质资源内务必标明标号、名称（其中种子形式的资源需分成两份)，特别是枝条、鲜果类的资源请务必咨询专家，按照专家要求进行采摘和前期处理。然后将征集种质资源分类寄（或送）至湖南省农业科学院种质资源库（湖南省长沙市芙蓉区东湖街道远大二路 892 号 湖南省农业科学院实验大楼一楼种质资源库收，电话：0731-84691710)。

2．送交种质资源包括如下内容：

实物材料：①按要求提供种质资源征集材料（种子形式材料需一式两份)；

纸质版材料：②种质资源征集表；③资源收集汇总目录表（附件 1）；④调查资料交接表（附件 2）；⑤种质资源交接清单（附件 3）；

电子版材料：⑥种质资源材料的电子资料（要求一个材料建一个文件夹，文件夹中包括征集表及图像资料）；⑦种质资源征集表、附件 1、附件 2、附件 3。

种质资源交接单位：实物及纸质版材料（①～⑤）送至省种质资源库，电子版材料（⑥和⑦）在寄送实物材料前分别发送至省农科院科技处邮箱（hnsnkykyc@126.com）和省农作物种质资源库邮箱（zzk126@126.com）。

省种质资源库收到种质资源材料后，需提供资源接收证明（附件 4）给各县农业局种子管理站负责人。

三、省农科院与相关研究所交接要求

1．省农科院科技处对接收的材料按照资源的属性及保存方式，安排入种质资源库保存，如相关研究所有需要，可申请备份相关资源，并与种质资源库签订资源转移繁种和利用协议（附件 5）。种质资源库无法保存的（如苗木、种茎等），由种质资源库甄别，派送至相关研究所代为保存，并出具资源转移保存证明（苗木类、块茎块根类）（附件 6）。

2．种质资源库、相关研究所接收资源后，种质资源库应将资源接收证明（附件 4）、资源转移保存证明（附件 6）给省农科院科技处备份。

3．湖南省第三次全国农作物种质资源普查与收集行动专家名单见附件 7。

4．省农科院科技处对种质资源最终归置进行记录。

附件 1

县农作物种质资源调查 - 资源收集汇总目录表（ 年 月 日）

序号	作物类别	品种名称	采集时间	采集地点	采集编号	有无样本	有无照片	采集人	调查民族	提供者	采集部位	海拔	东经（度）	北纬（度）	备注
1															
2															
3															
4															
5															
6															
7															
8															
9															
10															
11															
12															
13															
14															
15															
16															

附件 2

调查资料交接表（　　　年　月　日）

移交单位：　　　　　　　　移交人：　　　　　　　　签收人：

资料（份）						样品收集份数（实物材料）										
调查报告	笔录材料（页）	录影带（盒）	资源问卷表		资源采集清单	稻米	玉米	小麦	豆类	杂粮	蔬菜	油料	薯类	果树	甘蔗	茶叶
			特异资源	一般资源												

注：本移交表是根据初评单位划分的作物样品交接方便而设置的，对一些容易混淆的类别注明如下：

1. 杂粮包括大麦、燕麦、荞麦、高粱、谷子、薏苡、籽粒苋等。
2. 油料包括向日葵、油菜、芝麻、苏子、蓖麻等。
3. 薯类包括马铃薯、甘薯等。

附件 3

种质资源接收清单（　　　　年　月　日）

移交单位：　　移交人：　　　联系方式：

接收单位：　　接收人：　　　联系方式：

序号	作物名称	样品编号	作物类型	样品数量	备注
1					
2					
3					
4					
5					
6					
7					
8					
9					
10					
11					
12					
13					
14					
15					
16					

注：此表格一式三份，一份由农科院种质资源库保存留档，一份由相关科研所保存留档，一份由农科院科技处保存留档。

附件 4

资源接收证明

今收到______负责人_____送来种质资源______份，详细信息见清单。

湖南省农业科学院种质资源库

接收和保管资源人：

证明人：

年　　月　　日

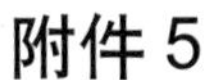

附件 5

资源转移繁种和利用协议

今应院________(院相关研究所)________(姓名)课题组申请，将______县________(姓名)等送来的__________(作物)种质资源材料____份交由其繁种、评价、利用，获取种子后第 2 ～ 3 年内将按入库要求繁殖评价种子交院种质库中、长期保存，详细信息见清单。

湖南省农业科学院种质资源库

审批人：　　　　　　　　资源保存分发人：

繁种利用申请人：　　　　繁种利用单位（盖章）

年　　月　　日

附件 6

资源转移保存证明（苗木类、块茎块根类）

今应院__________（院相关研究所）申请，将________县________（姓名）送来的________（作物）种质资源____份交由其代为保存，详细信息见清单。

湖南省农业科学院种质资源库

接收资源信息人：　　　　证明人：

代为保存资源人：　　　　代为保存单位（盖章）

年　　月　　日

附件 7

湖南省第三次全国农作物种质资源普查与收集行动专家名单

序号	姓名	性别	研究领域	电话
1	李小湘	女	水稻	13875905196
2	邓　晶	女	省农科院科技处	15200866607
3	刘新红	女	省农科院科技处	15173346989
4	段永红	女	省种质资源库	0731-84691710
5	杨建国	男	茄子、南瓜、生姜、大蒜	13973124681
6	周佳民	男	百合、玉竹、黄精等中药材	13873119302
7	黄飞毅	男	茶树	13637416471
8	张道微	男	甘薯、马铃薯等	18229909783
9	周长富	男	柑橘、杨梅、枣	18874763215
10	王同华	男	油菜	15874243958
11	贺爱国	男	西瓜、甜瓜、白芨	15084860128
12	徐　海	男	猕猴桃、桃、梨、蓝莓	13808429707
13	周晓波	男	菜薹	18684665546
14	阳标仁	男	水稻	13548941929
15	杨水芝	女	柑橘、杨梅、枣	15111290983
16	黄凤林	男	水稻	13973116114
17	刘　振	男	茶树	15974109528
18	周书栋	男	辣椒	13469426689
19	惠荣奎	男	油菜	15874008018
20	李丽辉	女	花卉	13875902664

备注：1. 寄送资源之前请联系相应的专家，确认资源的类别、分类方法、数量要求、注意事项。2. 非表格中专家研究领域可先咨询邓晶、刘新红。

附录二

农业部　国家发展改革委　科技部关于印发《全国农作物种质资源保护与利用中长期发展规划（2015—2030年）》的通知

（农业部、国家发展改革委、科技部　农种发〔2015〕2号　2015年3月4日印发）

各省、自治区、直辖市农业（农牧、农村经济）厅（委、局）、发展改革委、科技厅（委、局）、财政厅（局），新疆生产建设兵团农业局、发展改革委、财务局，各级科研院所和高等院校，有关单位：

为贯彻落实《国务院关于加快推进现代农作物种业发展的意见》（国办发〔2011〕8号）和《国务院办公厅关于深化种业体制改革 提高创新能力的意见》（国办发〔2013〕109号）精神，加强我国农作物种质资源的保护和利用工作，强化农作物种质资源对现代种业发展的支撑作用，农业部经商国家发展改革委、科技部、财政部同意，编制了《全国农作物种质资源保护与利用中长期发展规划（2015—2030年）》，现予以印发。请根据规划确定的发展目标、主要任务和行动计划，抓紧制定具体落实方案，认真组织实施，确保取得实效。

附件：《全国农作物种质资源保护与利用中长期发展规划（2015—2030年）》

农业部　国家发展改革委　科技部

2015年2月28日

全国农作物种质资源保护与利用中长期发展规划（2015—2030年）

农作物种质资源是农业科技原始创新、现代种业发展的物质基础，是保障粮食安全、建设生态文明、支撑农业可持续发展的战略性资源。农作物种质资源保护与利用工作具有公益性、基础性、长期性等显著特点。为贯彻落实《国务院关于加快推进现代农作物种业发展的意见》（国发〔2011〕8号）和《国务院办公厅关于深化种业体制改革 提高创新能力的意见》（国办发〔2013〕109号）精神，强化农作物种质资源对现代种业发展的支撑作用，依据《中华人民共和国种子法》和《国家中长期科学与技术发展规划纲要（2006—2020年）》，制订本规划。

一、规划背景

（一）主要成效

新中国成立以来，我国先后开展了两次全国性大规模的农作物种质资源征集及多次专项考察搜集，挽救了一大批濒临灭绝的地方品种和野生近缘种及其特色资源。建立了国家农作物种质资源保存长期库、中期库、种质圃、原生境保护点和国家基因库相结合的种质资源保护体系。截至目前，我国保存农作物种质资源48万余份，其中国家长期保存350多种农作物的种质资源44万份，位居世界第二。对所保存的种质资源进行了基本农艺性状鉴定，筛选出一批高产、优质和抗逆性强的种质资源，对部分特异资源进行了基因组测序与功能基因研究。初步建立了表型与基因型相结合的种质资源鉴定评价体系，开展了种质资源创新研究，利用多样化地方品种和野生近缘种中的优异特性，创制了一批新材料。构建了种质资源展示和共享平台，近10年累计向国内分发、国外交换种质资源35万余份（次），为农作物育种与基础研究提供了支撑。

（二）存在的问题

我国农作物种质资源保护与利用工作尚不适应现代农作物种业发展，面临着新的挑战。一是特有种质资源消失风险加剧。随着城镇化、现代化、工业化进程加速，气候变化、环境污染、外来物种入侵等因素影响，以及30年来未

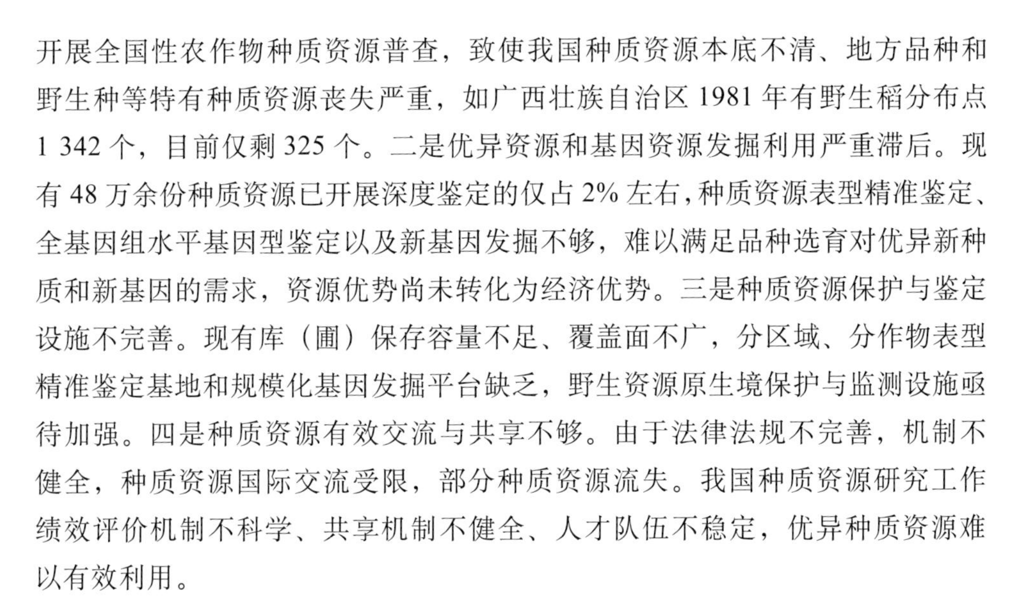
开展全国性农作物种质资源普查，致使我国种质资源本底不清、地方品种和野生种等特有种质资源丧失严重，如广西壮族自治区 1981 年有野生稻分布点 1 342 个，目前仅剩 325 个。二是优异资源和基因资源发掘利用严重滞后。现有 48 万余份种质资源已开展深度鉴定的仅占 2% 左右，种质资源表型精准鉴定、全基因组水平基因型鉴定以及新基因发掘不够，难以满足品种选育对优异新种质和新基因的需求，资源优势尚未转化为经济优势。三是种质资源保护与鉴定设施不完善。现有库（圃）保存容量不足、覆盖面不广，分区域、分作物表型精准鉴定基地和规模化基因发掘平台缺乏，野生资源原生境保护与监测设施亟待加强。四是种质资源有效交流与共享不够。由于法律法规不完善，机制不健全，种质资源国际交流受限，部分种质资源流失。我国种质资源研究工作绩效评价机制不科学、共享机制不健全、人才队伍不稳定，优异种质资源难以有效利用。

（三）发展趋势

随着种质资源利用价值越来越大，已事关国家核心利益，其保护和利用受到世界各国的高度重视。一是保护力度越来越大。呈现出从一般保护到依法保护、从单一方式保护到多种方式配套保护、从种质资源主权保护到基因资源产权保护的发展态势。二是鉴定评价越来越深入。对种质资源进行规模化和精准化鉴定评价，发掘能够满足现代育种需求的优异资源和关键基因，已经成为发展方向。三是保护和鉴定体系越来越完善。世界大多数国家均建立了依据生态区布局，涵盖收集、检疫、保存、鉴定、种质创新等分工明确的农作物种质资源国家公共保护和研究体系。四是共享利用机制越来越健全。随着《生物多样性公约》《粮食和农业植物遗传资源国际条约》等国际公约的实施，国家间种质资源获取与交换日益频繁，已经形成规范的资源获取和利益分享机制。

二、总体思路、基本原则与发展目标

（一）总体思路

围绕农业科技原始创新和现代种业发展的重大需求，以“广泛收集、妥善保存、深入评价、积极创新、共享利用”为指导方针，以安全保护和高效利用为核心，突出系统性、前瞻性和创新性，统筹规划，分步实施，集中力量攻克种质资源保护和利用中的重大科学问题和关键技术难题，进一步增加我国种质资源保存数量、丰富多样性，发掘创制优异种质和基因资源，为选育农作物新品种、发展现代种业、保障粮食安全提供物质和技术支撑。

（二）基本原则

1. 坚持异位保存与原位保护相结合。加强农作物种质资源库（圃）保存，提升种质资源保存水平；开展原生境保护，对大宗农作物野生近缘植物以及具有重要经济价值的野生种质资源集中分布区进行重点保护。

2. 坚持保护与利用相结合。加强农作物种质资源收集保护与深度发掘的协同研究，推进种质资源在保护中利用、在利用中保护的协调发展，切实发挥种质资源在解决农业科技重大问题中的支撑作用。

3. 坚持能力建设与管理创新相结合。完善农作物种质资源保护与利用条件平台建设，健全种质资源收集、保存、鉴定、创制等管理制度，创新绩效评价与人才激励机制，切实提高农作物种质资源保护与利用的能力和效率。

4. 坚持资源共享与产权保护相结合。建立农作物种质资源登记制度，实行差别化管理、权益化激励。对公共资源依法向全社会开放，对创新资源依规赋权交易，按规定或约定实现有效共享。

5. 坚持政府主导与多元投入相结合。建立以政府资金主导，社会资金广泛参与的多元化投入机制，为种质资源保护与利用提供稳定支持。

（三）发展目标

1. 珍稀、野生资源得到有效收集和保护，优异资源得到有效引进，资源保存总量大幅提升，结构优化。到 2020 年，新增种质资源 7 万份，保存总量达 55 万份，其中国家长期保存 50 万份，引进资源比例提高到 25%；到 2030 年，再新增种质资源 23 万份，保存总量达 78 万份，其中国家长期保存 70 万份，引进资源比例提高到 30%。

2. 攻克一批种质资源保护与利用的关键技术，发掘一批有重要育种价值的新基因，创制一批突破性的新种质。到 2020 年，完成 5 万份种质资源的重要性状表型精准鉴定、全基因组水平基因型鉴定及关联分析，发掘和创制 500 份有重要育种价值的新种质。到 2030 年，再完成 10 万份种质资源的重要性状表型精准鉴定、全基因组水平基因型鉴定及关联分析，再发掘和创制 1 000 份有重要育种价值的新种质，为新品种培育奠定坚实的物质基础。

3. 构建由种质保存库（圃）、原生境保护点、鉴定评价（分）中心、信息网络平台组成的全国农作物种质资源保护、鉴定评价和共享利用体系。到 2020 年，基本完成种质资源保存库（圃）和鉴定评价（分）中心认定与完善；到 2030 年，基本完成原生境保护点、监测预警中心（站）及国家种质资源数据库、信息查询、展示分发体系完善与补充建设。

三、主要任务

（一）加强农作物种质资源的收集保存

全面普查、系统收集我国农作物种质资源，重点引进作物起源中心和多样性中心的优异种质资源。对新收集的资源进行编目、入库（圃）保存，对特异资源和重要无性繁殖作物种质资源通过试管苗、超低温、DNA 等方式进行复份保存。

（二）强化农作物种质资源的深度发掘

建立高效完善的种质资源鉴定评价、基因发掘与种质创新技术体系，规模化发掘控制作物产量、品质、抗逆、养分高效利用等性状的基因及其有利等位基因，并进行功能验证，创制高产、优质、高效、广适、适合机械化等目标性状突出和有育种价值的新种质。

（三）深化农作物种质资源的基础研究

开展不同民族、特定环境与各类植物及其类群相互作用的演变趋势研究，阐明种质资源与社会、环境协同进化规律和有效保护机制；开展农作物起源与种质资源多样性研究，阐明野生种、地方品种和育成品种的演化关系，以及地方品种和骨干亲本形成的遗传基础。

（四）加强农作物种质资源保护与管理

定期监测种质库（圃）和原生境保护点保存资源的活力与遗传完整性，及时繁殖与复壮，实现安全保护。完善种质资源分类管理标准，为种质资源管理提供支撑。

四、体系建设及布局

（一）完善以长期库为核心，以中期库、种质保存圃和原生境保护点为依托的国家农作物种质资源保护体系

研究制定种质资源库（圃）认定标准，对现有种质资源库（圃）进行认定。完善水稻、小麦、油菜等现有10座中期库设施；拓展苹果、柑橘、牧草等现有60个种质圃保存能力；新建一批综合性种质圃，承担相应区域的多年生、无性繁殖作物及牧草种质资源的保存；完善并建设一批野生近缘植物原生境保护点，承担野生近缘植物保护和监测，各地也要建立加强本区域内特色农作物种质资源的保存设施，作为国家农作物种质资源保护体系的补充。

（二）拓展农作物种质资源保存库（圃）功能，建立国家农作物种质资源精准鉴定评价体系

依托现有国家农作物种质资源保存中心，拓展功能，开展农作物及其野生近缘植物种质资源大规模表型精准鉴定、基因型高通量鉴定、功能基因深度发掘，建成农作物种质资源鉴定评价综合中心；在全国一级生态区，从现有种质资源库（圃）、品种改良（分）中心等，择优建立一批农作物种质资源鉴定与评价区域（分）中心，承担适宜该区域生态环境的种质资源表型精准鉴定，以及国外引进资源的观察试种等任务。

（三）完善以中国农作物种质资源信息系统为核心，种质保存库、种质保存圃、原生境保护点、鉴定评价中心为网点的国家农作物种质资源共享利用体系

依托现有的中国农作物种质资源信息系统，实现数据互联互通。种质保存库（圃）、原生境保护点、鉴定评价中心等网点负责原始数据采集、提交，数据信息系统实时汇集、处理、发布信息，并提供网上查询、申请、获取服务，定期发布优异种质资源目录，各网点负责优异种质资源的展示和分发。

五、重点行动计划

围绕上述主要任务，在做好种质资源保护和研究日常工作的基础上，抓住最紧迫、最关键、最薄弱的环节，组织开展几项重点行动计划。

（一）第三次全国农作物种质资源普查与收集行动

我国分别于 1956—1957 年和 1979—1983 年对农作物种质资源进行了两次大规模普查。三十多年来，气候、自然环境、种植业结构和土地经营形式发生了很大变化，有必要对我国农作物种质资源进行第三次普查与收集。

研究制定粮食、园艺、牧草等不同作物种质资源的普查与收集技术规范。全面普查我国 2 000 多个农牧业县不同历史阶段、不同作物种质资源的分布、演化与利用情况；系统调查我国多样性富集中心和边远地区的各类种质资源，了解当地居民对不同农作物种质资源的认知、保护和利用途径，重点收集地方品种和培育品种，抢救性收集濒危、珍稀野生近缘种。

通过计划实施，进一步查清我国农作物种质资源家底，明确不同农作物种质资源的多样性和演化特征，预测今后农作物种质资源的变化趋势，提出农作物种质资源保护与持续利用策略，收集种质资源 10 万份，入库保存 7 万份。

该计划由农业部会同有关部门共同组织，地方参与，国家级专业科研院所为技术依托，组织全国相关单位，以县级行政区划为单位进行全面普查、系统调查与收集。

实施时间为 2015—2020 年。

（二）农作物种质资源引进与交换行动

我国农作物种类丰富多样，但许多重要的农作物如小麦、玉米、马铃薯、油菜、紫花苜蓿等并不起源于我国，迫切需要引进这些作物的优异种质资源。

加强与东南亚、西亚、拉丁美洲等玉米、小麦、马铃薯等作物起源地及多样性富集国家和美国、俄罗斯、澳大利亚等牧草种质资源保护大国的合作，开展种质资源的联合考察、技术交流，建立联合实验室，共享研究成果和利益，加大优异资源引进和交换力度。

通过计划实施，引进优异种质资源 13 万份，其中，2015—2020 年引进 5 万份，2021—2030 年引进 8 万份，进一步丰富我国种质资源的多样性。

该计划由农业部、科技部共同组织，科研院所、高等院校、种子企业等承担。

实施时间为 2015—2030 年。

（三）农作物种质资源保护与监测行动

农作物种质资源安全保存与监测是种质资源工作的基本任务，是体现种质资源战略性的关键环节。今后一个时期，既需要对新收集资源进行入库（圃）保存，又需对现存资源进行适时监测。

完善农作物种质资源保护技术规范，对新收集的种质资源进行基本农艺性状鉴定、信息采集、编目入库（圃）、长期保存；研究高存活率和遗传稳定的茎尖、休眠芽、花粉等外植体超低温和DNA保存关键技术，以及快速、无损的活力监测和预警技术；依据作物种质类型、保存年限和批次，每年随机抽取5%的保存种质样品，监测种质保存库（圃）和原生境保护点种质资源的活力与遗传完整性，并及时更新与复壮。

通过计划实施，完成26万份新收集种质资源的整理编目与繁殖入库（圃）长期保存。其中，2015—2020年完成6万份，2021—2030年完成20万份，实现50%无性繁殖和多年生作物种质资源的超低温、试管苗及DNA复份安全保存，确保长期保存种质的活力和遗传完整性。

该计划由农业部牵头，由国家种质库（圃）、原生境保护点及地方相关单位共同实施。

实施时间为2015—2030年。

（四）农作物种质资源精准鉴定与评价行动

目前我国农作物种质资源评价多为单一性状、单一环境下的鉴定结果，缺乏基因信息和综合评价，限制了种质资源在育种中的有效利用。因此，亟须开展种质资源多性状、多环境下的表型精准鉴定与基因型鉴定。

以初选优异种质资源为研究对象，在多个适宜生态区进行多年的表型精准鉴定和综合评价，筛选具有高产、优质、抗病虫、抗逆、资源高效利用、适应机械化等特性的育种材料，并开展全基因组水平的基因型鉴定，对特异资源开展全基因组测序与功能基因研究，发掘优异性状关键基因及其有利等位基因。

通过计划实施，完成15万份种质资源的表型精准鉴定和基因型鉴定，其中，2015—2020年完成5万份，2021—2030年完成10万份，并开展表型和基因型关联分析，筛选出具有应用价值的育种材料。

该计划由农业部、科技部、国家发展改革委共同组织，由国家级、省部级科研院所和高等院校，以及国家基因库等单位共同实施。

实施时间为2015—2030年。

（五）优异种质资源创制与应用行动

我国拥有丰富的地方品种、野生种等种质资源，由于遗传累赘和生殖隔离等问题，许多优异基因难以被育种家直接利用。因此，亟须开展种质创新，拓宽育种遗传基础。

以地方品种、野生种为供体，通过远缘杂交、理化诱变、基因工程等技术手段，向主栽品种导入新的优异基因，研究该优异基因的遗传与育种效应，剔除遗传累赘，规模化创制遗传稳定、目标性状突出、综合性状优良的新种质；研究建立创新种质中优异基因快速检测、转移、聚合和追踪的技术体系，向育种家提供新材料、新技术等配套服务，促进创新种质的高效利用。

通过计划实施，创制 1 500 份有重要育种价值的新种质，其中，2015—2020 年创制 500 份，2021—2030 年创制 1 000 份，为新品种选育提供优异材料。

该计划由科技部、农业部共同组织国家级、省部级科研院所和高等院校等实施。

实施时间为 2015—2030 年。

六、保障措施

（一）加强法律法规建设

进一步修改和完善《种子法》《农作物种质资源管理办法》《草种管理办法》，建立农作物种质资源登记、共享、产权保护等制度，完善与《生物多样性公约》《国际植物新品种保护公约》相适应的农作物种质资源法律法规体系，规范种质获取和信息反馈，强化知识产权保护，防止资源流失，为我国农作物种质资源保护和利用提供法律保障。

（二）建立多元化投入机制

各地要加大对农作物种质资源保护与利用工作的支持力度，按照分级保障原则，在统筹已有工作资源、条件以及支持政策基础上，将农作物种质资源基础性工作经费列入财政预算；国家通过实施种子工程等，支持种质资源保护、鉴定评价和共享利用体系的条件能力建设。鼓励种子企业、科研机构、公益性组织以及国际农业研究机构等参与种质资源保护，利用信贷资金和社会资金开展种质资源开发利用。

（三）创新人才评价与资源保护机制

建立科学合理的种质资源绩效考核和人才评价机制，重点支持对农作物种质资源保护和利用贡献突出的优秀人才和创新团队；推动创新种质及相关技术纳入种业科技成果产权交易平台挂牌交易，提高资源共享利用效率，充分调动种质资源工作者的积极性和创造性。建立农作物种质资源保护的生态补偿机制，切实提升保护能力。

（四）加强国际合作与交流

本着安全、主导、规范的原则，加强与相关国际组织的合作，积极参加相关条约或协定谈判以及规则制定，增加话语权；加强与世界各国种质资源相关机构的合作，开展信息与技术交流；加强与作物起源中心和多样性中心国家的合作，组织实施一批种质资源国际合作项目，加大优异种质资源引进力度。

（五）加强组织领导

充分发挥国家农作物种质资源委员会的统筹协调作用，加强农业、发展改革、科技、财政等部门的密切合作，研究种质资源保护利用中的重大问题。各地要明确农作物种质资源主管部门，强化种质资源工作的组织协调和保障。种质资源保护和研究单位要明确责任主体，接受社会监督。各地区、各有关部门要认真贯彻落实规划要求。

附录三

农业部办公厅关于印发《第三次全国农作物种质资源普查与收集行动实施方案》的通知

（农业部办公厅　农办种〔2015〕26 号　2015 年 7 月 10 日印发）

有关省、自治区、直辖市农业（农牧、农村经济）厅（委、局）、农业科学院：

为贯彻落实《全国农作物种质资源保护与利用中长期发展规划（2015—2030 年）》（农种发〔2015〕2 号），自 2015 年起，农业部组织开展第三次全国农作物种质资源普查与收集行动。现将《第三次全国农作物种质资源普查与收集行动实施方案》印发你们，请按照方案要求，认真贯彻落实。

农业部办公厅

2015 年 7 月 9 日

第三次全国农作物种质资源普查与收集行动实施方案

为贯彻落实《全国农作物种质资源保护与利用中长期发展规划（2015—2030年）》（农种发〔2015〕2号），在财政部支持下，自2015年起，农业部组织开展第三次全国农作物种质资源普查与收集行动，特制定本实施方案。

一、目的意义

（一）农作物种质资源是国家关键性战略资源

近年来，随着生物技术的快速发展，各国围绕重要基因发掘、创新和知识产权保护的竞争越来越激烈。人类未来面临的食物、能源和环境危机的解决都有赖于种质资源的占有，作物种质资源越丰富，基因开发潜力越大，生物产业的竞争力就越强。农作物种质资源是保障国家粮食安全、生物产业发展和生态文明建设的关键性战略资源。

（二）我国农作物种质资源家底不清、丧失严重

我国分别于1956—1957年、1979—1983年对农作物种质资源进行了两次普查，但涉及范围小，作物种类少，尚未查清我国农作物种质资源的家底。近年来，随着气候、自然环境、种植业结构和土地经营方式等的变化，导致大量地方品种迅速消失，作物野生近缘植物资源也因其赖以生存繁衍的栖息地遭受破坏而急剧减少。因此，尽快开展农作物种质资源的全面普查和抢救性收集，查清我国农作物种质资源家底，保护携带重要基因的资源十分迫切。

（三）丰富我国农作物种质资源基因库，提升竞争力

通过开展农作物种质资源普查与收集，明确不同农作物种质资源的品种多样性和演化特征，预测今后农作物种质资源的变化趋势，丰富国内农作物种质资源的数量和多样性，不仅能够防止具有重要潜在利用价值种质资源的灭绝，而且通过妥善保存，能够为未来国家生物产业的发展提供源源不断的基因资源，提升国际竞争力。

二、目标任务

（一）农作物种质资源普查和征集

对31个省（自治区、直辖市）2 228个农业县（市）开展各类作物种质资源的全面普查，基本查清各类作物的种植历史、栽培制度、品种更替、社会经济和环境变化，以及重要作物的野生近缘植物种类、地理分布、生态环境和濒危状况等重要信息。填写《第三次全国农作物种质资源普查与收集行动普查表》（详见附表1）。在此基础上，征集各类栽培作物和珍稀、濒危作物野生近缘植物的种质资源40 000 ~ 45 000份。填写《第三次全国农作物种质资源普查与收集行动种质资源征集表》（详见附表2）。

（二）农作物种质资源系统调查和抢救性收集

在普查基础上，选择665个农作物种质资源丰富的农业县（市）进行各类作物种质资源的系统调查，抢救性收集各类栽培作物的古老地方品种、种植年代久远的育成品种、重要作物的野生近缘植物以及其他珍稀、濒危野生植物种质资源55 000 ~ 60 000份。填写《第三次全国农作物种质资源普查与收集行动种质资源调查表》（详见附表3）。

（三）农作物种质资源鉴定评价和编目保存

在适宜的生态区域，对征集和收集的种质资源进行繁殖和基本生物学特征特性的鉴定评价，经过整理、整合并结合农民认知进行编目，入库（圃）妥善保存各类作物种质资源70 000份左右。

（四）农作物种质资源数据库建设

建立全国农作物种质资源普查数据库和编目数据库，编写全国农作物种质资源普查报告、系统调查报告、种质资源目录和重要作物种质资源图集等技术报告，按照国家有关规定向国内开放共享。

三、实施范围、期限与进度

（一）实施范围

河北、山西、内蒙古、辽宁、吉林、黑龙江、江苏、浙江、安徽、福建、江西、山东、河南、湖北、湖南、广东、广西、海南、重庆、四川、贵州、云南、西藏、陕西、甘肃、青海、宁夏、新疆、北京、天津、上海等31个省（自治区、直辖市）。

（二）实施期限

2015年1月1日至2020年12月31日。

（三）实施进度

2015—2018年，以农作物种质资源普查与征集、系统调查和抢救性收集为主；2018—2020年，集中进行农作物种质资源的种植、鉴定、评价、编目、入库保存（详见附表4）。

四、任务分工及运行方式

（一）任务分工

1. 中国农业科学院作物科学研究所。负责普查与收集行动的组织实施和日常管理。研究提出实施方案和管理办法；编制普查与征集、系统调查和抢救性收集等相关技术标准、规范和培训教材，并组织开展技术培训；指导并参与各省（自治区、直辖市）农作物种质资源的普查征集、调查收集；协同开展种质资源表型鉴定与基因型鉴定，编制种质资源目录，妥善入库（圃）保存；建立全国农作物种质资源普查与调查数据库；编制行动进展报告，提出农作物种质资源保护与可持续利用建议。

2. 省级种子管理机构。负责组织本辖区内农业县（市）的农作物种质资源的全面普查和征集。参与组织普查与征集人员培训，建立省级种质资源普查与调查数据库。

3. 县级农业局。承担本县（市、区）农作物种质资源的全面普查和征集。组织普查人员对辖区内的种质资源进行普查，并将数据录入数据库；每个县征集当地古老、珍稀、特有、名优作物地方品种和作物野生近缘植物种质资源20～30份，并将征集的农作物种质资源送交本省农科院。

4. 省级农业科学院。负责组织本辖区内农作物种质资源丰富县（市）的系统调查和抢救性收集，每个县抢救性收集各类作物种质资源80～100份，妥善保存本省征集和收集的各类作物种质资源，以及繁殖、鉴定、评价，并将鉴定结果和种质资源提交国家作物种质库（圃）。

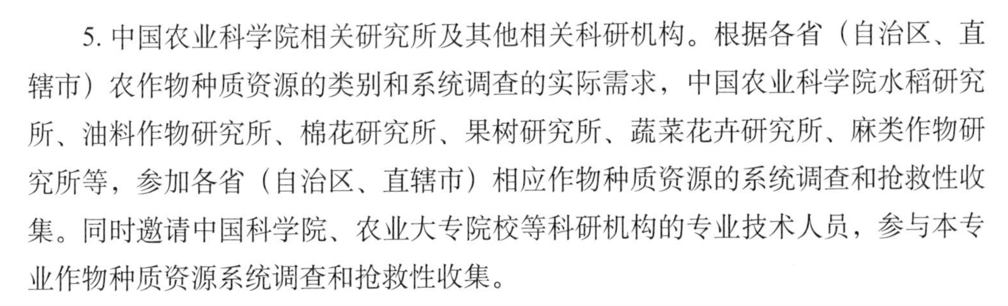

5. 中国农业科学院相关研究所及其他相关科研机构。根据各省（自治区、直辖市）农作物种质资源的类别和系统调查的实际需求，中国农业科学院水稻研究所、油料作物研究所、棉花研究所、果树研究所、蔬菜花卉研究所、麻类作物研究所等，参加各省（自治区、直辖市）相应作物种质资源的系统调查和抢救性收集。同时邀请中国科学院、农业大专院校等科研机构的专业技术人员，参与本专业作物种质资源系统调查和抢救性收集。

（二）运行方式

中国农业科学院作物科学研究所统一制定各类标准、设计各类表格、编制培训材料、组织技术培训；省级种子管理机构协调有关县的农作物种质资源全面普查和征集，汇总有关县提交的普查信息，审核通过后提交国家种质信息中心；省级农业科学院组织农作物种质资源丰富县（市）的系统调查和抢救性收集，对各县征集和收集的种质资源进行鉴定评价编目后，提交国家作物种质库（圃）妥善保存。运行方式见下图。

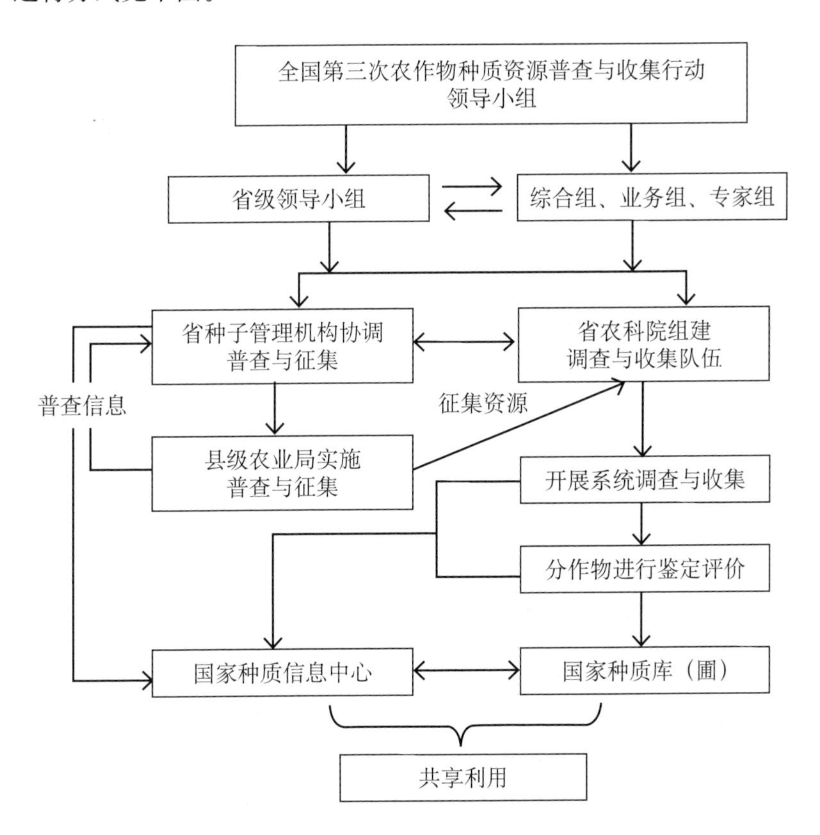

五、重点工作

（一）组建普查与收集专业队伍

相关省级种子管理机构指导有关县农业局，组建由专业技术人员构成的普查工作组，相关省级农科院组织种质资源、作物育种与栽培、植物分类学等专业人员组建系统调查课题组，分别开展农作物种质资源普查与征集、系统调查与抢救性收集工作。

（二）开展技术培训

中国农业科学院作物科学研究所组织制定种质资源普查、系统调查和采集标准；设计制作种质资源普查、系统调查和采集表格；编制培训教材。

分省举办种质资源普查与征集培训班。主要内容包括：解读农作物种质资源普查与收集行动实施方案及管理办法，培训文献资料查阅、资源分类、信息采集、数据填报、样本征集、资源保存等方法，以及如何与农户座谈交流等。

每年举办1次系统调查与抢救性收集培训。主要内容包括：解读农作物种质资源普查与收集行动实施方案及管理办法，培训资源目录查阅核对、调查点遴选、仪器设备使用、信息采集、数据填报、资源收集、妥善保存、鉴定评价等。

（三）加强项目督导

农业部种子管理局会同中国农业科学院作物科学研究所等单位，通过中期检查、年终总结和随机检查等方式，对各省执行进度和完成情况进行督导，确保行动方案稳步推进、顺利实施。

（四）加强宣传引导

组织人民日报、农民日报、中央电视台等媒体跟踪报道，宣传本次种质资源普查与收集行动的重要意义和主要成果，提升全社会参与保护作物种质资源多样性的意识和行动，推动农作物种质资源保护与利用可持续发展。

六、保障措施

（一）成立领导小组

农业部成立第三次全国农作物种质资源普查与收集行动领导小组。余欣荣副部长任组长，农业部种子局、中国农业科学院负责人任副组长，成员包括：农业

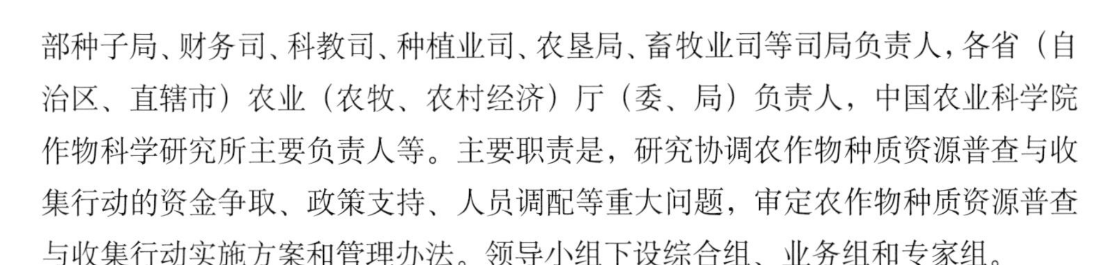

部种子局、财务司、科教司、种植业司、农垦局、畜牧业司等司局负责人，各省（自治区、直辖市）农业（农牧、农村经济）厅（委、局）负责人，中国农业科学院作物科学研究所主要负责人等。主要职责是，研究协调农作物种质资源普查与收集行动的资金争取、政策支持、人员调配等重大问题，审定农作物种质资源普查与收集行动实施方案和管理办法。领导小组下设综合组、业务组和专家组。

1. 综合组：农业部种子局会同财务司、中国农业科学院作物科学研究所成立综合组。主要职责：负责落实领导小组决定的重要事项；组织制定农作物种质资源普查与收集行动实施方案及管理办法；协调省级种子管理机构开展农作物种质资源普查与征集，以及省级农科院开展农作物种质资源系统调查与收集；组织调度工作进展、开展宣传等工作。

2. 业务组：中国农业科学院作物科学研究所会同相关研究所成立业务组。主要职责是：根据各作物种质资源状况，指导各省级种子管理机构、农业科学院，组织相关专业技术人员，分别组建普查工作组、系统调查课题组，开展相关工作。

3. 专家组：成立以中国农业科学院和相关大专院校知名专家组成的专家组(详见附表 5)。主要职责是：制定技术路线，提供技术咨询，评价项目实施。

相关省（自治区、直辖市）农业（农牧、农村经济）厅（委、局）成立省级领导小组，农业厅领导任组长，省级农业科学院和省级种子管理机构主要负责人任副组长，负责本辖区农作物种质资源普查与收集行动的组织协调与监督管理。

（二）强化经费保障

按照第三次全国农作物种质资源普查与收集行动工作要求和进度安排，加大经费支持力度，保障农作物种质资源普查与收集工作实施。

（三）制定管理办法

制定第三次全国农作物种质资源普查与收集行动专项管理办法。对人员、财务、物资、资源、信息等进行规范管理，对建立的数据库和专项成果等按照国家法律法规及相关规定实现共享；制定资金管理办法，明确经费预算、使用范围、支付方式、运转程序、责任主体等。

附表 1

“第三次全国农作物种质资源普查与收集行动”普查表 基本情况

（1956 年、1981 年、2014 年）

填表人：________日期：______年______月____日，联系电话：__________

一、基本情况

（一）县名：____

（二）历史沿革（名称、地域、区划变化）：____________________________

（三）行政区划：县辖______个乡（镇）______个村，县城所在地__________

（四）地理系统：

县海拔范围________～________米，经度范围________°～________°

纬度范围____°～____°，年均气温____℃，年均降雨量________毫米

（五）人口及民族状况：

总人口数____________万人，其中农业人口____________万人

少数民族数量：______个，其中人口总数排名前 10 的民族信息：

民族________人口________万，民族________人口________万

民族________人口________万，民族________人口________万

民族________人口________万，民族________人口________万

民族________人口________万，民族________人口________万

民族________人口________万，民族________人口________万

民族________人口________万，民族________人口________万

（六）土地状况：

县总面积________千米^2，耕地面积________万亩

草场面积________万亩，林地面积________万亩

湿地（含滩涂）面积________万亩，水域面积________万亩

（七）经济状况：

生产总值________万元，工业总产值________万元

农业总产值________万元，粮食总产值________万元

经济作物总产值________万元，畜牧业总产值________万元

水产总产值________万元，人均收入________元

（八）受教育情况：

高等教育____%，中等教育____%，初等教育____%，未受教育____%

（九）特有资源及利用情况：________________________________

____

（十）当前农业生产存在的主要问题：________________________

（十一）总体生态环境自我评价：□优 □良 □中 □差

（十二）总体生活状况（质量）自我评价：□优 □良 □中 □差

（十三）其他：____

____

二、全县种植的粮食作物情况

作物种类	种植面积（亩）	种植品种数目								具有保健、药用、工艺品、宗教等特殊用途品种		
		地方品种				培育品种				名称	用途	单产（千克/亩）
		数目	代表性品种			数目	代表性品种					
			名称	面积（亩）	单产（千克/亩）		名称	面积（亩）	单产（千克/亩）			

注：表格不足请自行补足。

三、全县种植的油料、蔬菜、果树、茶、桑、棉、麻等主要经济作物情况

作物种类	种植面积（亩）	种植品种数目								具有保健、药用、工艺品、宗教等特殊用途品种		
		地方或野生品种				培育品种				名称	用途	单产（千克/亩）
		数目	代表性品种			数目	代表性品种					
			名称	面积（亩）	单产（千克/亩）		名称	面积（亩）	单产（千克/亩）			

注：表格不足请自行补足。

附表 2

“第三次全国农作物种质资源普查与收集行动”种质资源征集表

注：* 为必填项

<table>
<tr><td>样品编号*</td><td colspan="2"></td><td colspan="2">日期*</td><td>年　月　日</td></tr>
<tr><td>普查单位*</td><td colspan="2"></td><td colspan="2">填表人及电话*</td><td></td></tr>
<tr><td>地点*</td><td colspan="5">省　市　县　乡（镇）　村</td></tr>
<tr><td>经度</td><td></td><td>纬度</td><td></td><td>海拔</td><td></td></tr>
<tr><td>作物名称</td><td colspan="2"></td><td>种质名称</td><td colspan="2"></td></tr>
<tr><td>科名</td><td colspan="2"></td><td>属名</td><td colspan="2"></td></tr>
<tr><td>种名</td><td colspan="2"></td><td>学名</td><td colspan="2"></td></tr>
<tr><td>种质类型</td><td colspan="5">□地方品种 □选育品种 □野生资源 □其他</td></tr>
<tr><td>种质来源</td><td colspan="5">□当地 □外地 □外国</td></tr>
<tr><td>生长习性</td><td colspan="2">□一年生 □多年生 □越年生</td><td>繁殖习性</td><td colspan="2">□有性 □无性</td></tr>
<tr><td>播种期</td><td colspan="2">（　）月 □上旬 □中旬 □下旬</td><td>收获期</td><td colspan="2">（　）月 □上旬 □中旬 □下旬</td></tr>
<tr><td>主要特性</td><td colspan="5">□高产 □优质 □抗病 □抗虫 □耐盐碱 □抗旱
□广适 □耐寒 □耐热 □耐涝 □耐贫瘠 □其他</td></tr>
<tr><td>其他特性</td><td colspan="5"></td></tr>
<tr><td>种质用途</td><td colspan="5">□食用 □饲用 □保健药用 □加工原料 □其他</td></tr>
<tr><td>利用部位</td><td colspan="5">□种子（果实） □根 □茎 □叶 □花 □其他</td></tr>
<tr><td>种质分布</td><td colspan="2">□广 □窄 □少</td><td>种质群落（野生）</td><td colspan="2">□群生 □散生</td></tr>
<tr><td>生态类型</td><td colspan="5">□农田 □森林 □草地 □荒漠 □湖泊 □湿地 □海湾</td></tr>
<tr><td>气候带</td><td colspan="5">□热带 □亚热带 □暖温带 □温带 □寒温带 □寒带</td></tr>
<tr><td>地形</td><td colspan="5">□平原 □山地 □丘陵 □盆地 □高原</td></tr>
<tr><td>土壤类型</td><td colspan="5">□盐碱土 □红壤 □黄壤 □棕壤 □褐土 □黑土 □黑钙土
□栗钙土 □漠土 □沼泽土 □高山土 □其他</td></tr>
<tr><td>采集方式</td><td colspan="5">□农户搜集 □田间采集 □野外采集 □市场购买 □其他</td></tr>
<tr><td>采集部位</td><td colspan="5">□种子 □植株 □种茎 □块根 □果实 □其他</td></tr>
<tr><td>样品数量</td><td colspan="5">（　）粒　（　）克　（　）个 / 条 / 株</td></tr>
<tr><td>样品照片</td><td colspan="5"></td></tr>
<tr><td>是否采集标本</td><td colspan="5">□是 □否</td></tr>
<tr><td>提供人</td><td colspan="5">姓名：　性别：　民族：　年龄：　联系电话：</td></tr>
<tr><td>备注</td><td colspan="5"></td></tr>
</table>

填写说明

本表为征集资源时所填写的资源基本信息表，一份资源填写一张表格。

1．样品编号：征集的资源编号。由 P + 县代码 +3 位顺序号组成，共 10 位，顺序号由 001 开始递增，如“P430124008”。

2．日期：分别填写阿拉伯数字，如 2011、10、1。

3．普查单位：组织实地普查与征集单位的全称。

4．填表人及电话：填表人全名和联系电话。

5．地点：分别填写完整的省、市、县、乡（镇）和村的名字。

6．经度、纬度：直接从 GPS 上读数，请用“度”格式，即 ddd.dddddd 度（不要填写“度”字或是“°”符号），不要用 dd 度 mm 分 ss 秒格式和 dd 度 mm.mmmm 分格式。一定要在 GPS 显示已定位后再读数!

7．海拔：直接从 GPS 上读数。

8．作物名称：该作物种类的中文名称，如水稻、小麦等。

9．种质名称：该份种质的中文名称。

10．科名、属名、种名、学名：填写拉丁名和中文名。

11．种质类型：单选，根据实际情况选择。

12．生长习性：单选，根据实际情况选择。

13．繁殖习性：单选，根据实际情况选择。

14．播种期、收获期：括号内填写月份的阿拉伯数字，再选择上、中、下旬。

15．主要特性：可多选，根据实际情况选择。

16．其他特性：该资源的其他重要特性。

17．种质用途：可多选，根据实际情况选择。

18．种质分布、种质群落：单选，根据实际情况选择。

19．生态类型：单选，根据实际情况选择。

20．气候带：单选，根据实际情况选择。

21．地形：单选，根据实际情况选择。

22．土壤类型：单选，根据实际情况选择。

23．采集方式：单选，根据实际情况选择。

24．采集部位：可多选，根据实际情况选择。

25．样品数量：按实际情况选择粒、克或个 / 条 / 份，填写阿拉伯数字。

26．样品照片：样品的全写、典型特征和样品生境照片的文件名，采用“样品编号”-1、“样品编号”-2……的方式对照片文件进行命名，如“P430124008-1.jpg”。

27．是否采集标本：单选，根据实际情况选择。

28．提供人：样品提供人（如农户等）的个人信息。

29．备注：如表格填写项不足以描述该资源的情况，或普查人员觉得必须要加以记载的其他信息，请在此作详细描述。

附表 3

"第三次全国农作物种质资源普查与收集行动"种质资源调查表——粮食、油料、蔬菜及其他一年生作物

□未收集的一般性资源　□ 特有和特异资源

1. 样品编号：____________________，日期：______年______月______日

采集地点：____________________，样品类型：__________，采集者及联系方式：____________________________

2. 生物学：物种拉丁名：______，作物名称：______，品种名称：_______

俗名：________，生长发育及繁殖习性________，其他：______________

3. 品种类别：□ 野生品种，□ 地方品种，□ 育成品种，□ 引进品种

4. 品种来源：□ 前人留下，□ 换种，□ 市场购买，□ 其他途径：______

5. 该品种已种植了大约__________年，在当地大约有__________农户种植该品种，该品种在当地的种植面积大约有__________亩

6. 该品种的生长环境：GPS 定位：海拔：________米，经度：________°，纬度：________°

土壤类型：___________________，分布区域：___________________

伴生、套种或周围种植的作物种类：_____________________________

7. 种植该品种的原因：□ 自家食用，□ 市场出售，□ 饲料用，□ 药用，□ 观赏，□ 其他用途：_____________________________

8. 该品种若具有高效(低投入，高产出)、保健、药用、工艺品、宗教等特殊用途：

具体表现：____

具体利用方式与途径：____

9. 该品种突出的特点（具体化）：

优质：____

抗病：____

抗虫：____

抗寒：______________________________

抗旱：______________________________

耐贫瘠：______________________________

产量：平均单产__________千克/亩，最高单产__________千克/亩

其他：______________________________

10. 利用该品种的部位：□种子，□茎，□叶，□根，□其他：________

11. 该品种株高______厘米，穗长______厘米，籽粒：□大，□中，□小

品质：□优，□中，□差

12. 该品种大概的播种期：______________，收获期：______________

13. 该品种栽种的前茬作物：______________，后茬作物：______________

14. 该品种栽培管理要求（病虫害防治、施肥、灌溉等）：

____

15. 留种方法及种子保存方式：______________________________

16. 样品提供者：姓名：______，性别：_____，民族：_____，年龄：______，

文化程度：__________，家庭人口：__________人，联系方式：__________

17. 照相：样品照片编号：______________________________

注：照片编号与样品编号一致，若有多张照片，用“样品编号”加“-”加序号，样品提供者、生境、伴生物种、土壤等照片的编号与样品编号一致。

18. 标本：标本编号：______________________________

注：在无特殊情况下，每份野生资源样品都必须制作 1 ～ 2 个相应材料的典型、完整的标本，标本编号与样品编号一致，若有多个标本，用“样品编号”加“-”加序号。

19. 取样：在无特殊情况下，地方品种、野生种每个样品（品种）都必须从田间不同区域生长的至少 50 个单株上各取 1 个果穗，分装保存，确保该品种的遗传多样性，并作为今后繁殖、入库和研究之用；栽培品种选取 15 个典型植株各取 1 个果穗混合保存。

20. 其他需要记载的重要情况：______________________________

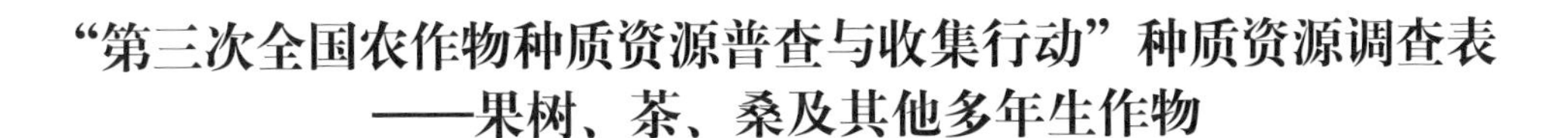

“第三次全国农作物种质资源普查与收集行动”种质资源调查表——果树、茶、桑及其他多年生作物

1. 样品编号：____________，日期：______年______月______日

采集地点：______，样品类型：______，采集者及联系方式：__________

2. 生物学：物种拉丁名：______，作物名称：______，品种名称：_______

俗名：__________，分布区域______，历史演变______，伴生物种______，

生长发育及繁殖习性____________，极端生物学特性：____________

其他：____

3. 地理系统：GPS 定位：____，海拔：____米，经度：____°，纬度：____°

地形：____________，地貌：____________，年均气温：________℃

年均降雨量：________毫米，其他：____________________

4. 生态系统：土壤类型：______________，植被类型：__________

植被覆盖率：__________________%，其他：__________________

5. 品种类别：□ 地方品种，□ 育成品种，□ 引进品种，□ 野生品种

6. 品种来源：□ 前人留下，□ 换种，□ 市场购买，□ 其他途径：______

7. 种植该品种的原因：□自家食用，□饲用，□市场销售，□药用，□其他用途：

8. 品种特性：

优质：____

抗病：____

抗虫：____

产量：____

其他：____

9. 该品种的利用部位：□ 果实，□ 种子，□ 植株，□ 叶片，□ 根，

□其他____

10. 该品种具有的药用或其他用途：______________________________

具体用途：____

利用方式与途径：____

11. 该品种其他特殊用途和利用价值：□ 观赏，□ 砧木，□ 其他：______

12. 该品种的种植密度：______________，间种作物：______________

13. 该品种在当地的物候期：________________________________

14. 品种提供者种植该品种大约有______年，现在种植的面积大约______亩

当地大约有______________户农户种植该品种，种植面积大约有______亩

15. 该品种大概的开花期：______________，成熟期：______________

16. 该品种栽种管理有什么特别的要求？

____

17. 该品种株高：______米，果实大小：______厘米，果实品质：□ 优，

□ 中，□ 差

18. 品种提供者一年种植哪几种作物：____________________________

19. 其他：____

20. 样品提供者：姓名：_____，性别：_____，民族：_____，年龄：_____，

文化程度：_________，家庭人口：_________人，联系方式：__________

附表 4

第三次全国农作物种质资源普查与收集行动实施进度表

年份	普查与征集		调查与收集		资源鉴定评价（份）	资源编目入库（份）
	省（自治区、直辖市）	县（个）	省（自治区、直辖市）	县（个）		
2015 年	湖南、湖北、广西、重庆 [4 省（自治区、直辖市）]	235	湖南、湖北、广西、重庆 [4 省（自治区、直辖市）]	22	0	0
2016 年	广东、海南、福建、江西、浙江、安徽、江苏、四川、陕西（9 省）	715	湖南、湖北、广西、重庆、广东、海南、福建、江西、浙江、安徽、江苏、四川、陕西 [13 省（自治区、直辖市）]	100	7 000	5 000
2017 年	西藏、青海、新疆、甘肃、宁夏、内蒙古、山西、河南 [8 省（自治区）]	612	广东、海南、福建、江西、浙江、安徽、江苏、四川、陕西、西藏、青海、新疆、甘肃、宁夏、内蒙古、山西、河南 [17 省（自治区）]	160	12 000	8 000
2018 年	山东、河北、吉林、辽宁、黑龙江、云南、贵州 (7 省)	638	广东、海南、福建、江西、浙江、安徽、江苏、四川、陕西、西藏、青海、新疆、甘肃、宁夏、内蒙古、山西、河南、山东、河北、吉林、辽宁、黑龙江、云南、贵州 [24 省（自治区）]	168	12 000	8 000
2019 年	北京、上海、天津（3 直辖市）	28	西藏、青海、新疆、甘肃、宁夏、内蒙古、山西、河南、山东、河北、吉林、辽宁、黑龙江、云南、贵州 [15 省（自治区）]	200	25 000	15 000
2020 年			北京、上海、天津（3 直辖市）	15	44 000	34 000
合计		**2 228**		**665**	**100 000**	**70 000**

附表 5

第三次全国农作物种质资源普查与收集行动
专家组名单

姓 名	工作单位	职称	备注
刘 旭	中国工程院	副院长、院士	组长
方智远	中国农业科学院	中国工程院院士	成员
戴景瑞	中国农业大学	中国工程院院士	成员
盖钧镒	南京农业大学	中国工程院院士	成员
邓秀新	华中农业大学	校长、中国工程院院士	成员
喻树迅	中国农科院棉花所	中国工程院院士	成员
王汉中	中国农业科学院	副院长、研究员	成员
万建民	中国农科院作物科学所	所长、教授	成员
刘凤之	中国农业科学院果树所	所长、研究员	成员
刘国道	中国热带作物科学院	副院长、研究员	成员
陈业渊	中国热科院品种资源所	所长、研究员	成员
马克平	中国科学院植物所	研究员	成员
董英山	吉林农业科学院	副院长、研究员	成员
黄兴奇	云南农业科学院	研究员	成员
李立会	中国农业科学院作物所	研究员	成员

附录四

农业部办公厅关于印发《第三次全国农作物种质资源普查与收集行动 2015 年实施方案》的通知

（农业部办公厅　农办种〔2015〕28 号　2015 年 7 月 17 日印发）

湖北、湖南、广西、重庆农业厅（委）、农业科学院，中国农业科学院作物科学研究所：

为实施好第三次全国农作物种质资源普查与收集行动，农业部种子管理局会同中国农业科学院作物科学研究所制定了《第三次全国农作物种质资源普查与收集行动 2015 年实施方案》。现将方案印发你们，请遵照执行。

农业部办公厅

2015 年 7 月 16 日

第三次全国农作物种质资源普查与收集行动2015年实施方案

根据第三次全国农作物种质资源普查与收集行动实施方案要求，特制定2015年实施方案。

一、工作目标

（一）完成湖北、湖南、广西、重庆4省（自治区、直辖市）235个农业县（市）的农作物种质资源普查与征集

基本查清该县各类农作物的种植历史、栽培制度、品种更替、社会经济和环境变化、种质资源的种类、分布、多样性及其消长状况等基本信息，以及重要作物的野生近缘植物种类、地理分布、生态环境和濒危状况等重要信息；分析当地气候、环境、人口、文化及社会经济发展对作物种质资源变化的影响；揭示作物种质资源的演变规律及其发展趋势。填写《第三次全国农作物种质资源普查与收集行动 - 普查表》（见附件1、2）。

征集当地古老、珍稀、特有、名优的作物地方品种和野生近缘植物种质资源5 000份左右。对其特有的营养品质、食味性、抗病虫性、抗逆性、对气候变化的适应性等进行深度发掘，明确其在更大范围的可利用性及其推广潜力。填写《第三次全国农作物种质资源普查与收集行动 - 种质资源征集表》（见附件3）。

（二）完成4省（自治区、直辖市）22个县农作物种质资源的系统调查与抢救性收集

系统调查每类农作物种质资源的科、属、种、品种，分布区域、生态环境、历史沿革、濒危状况、保护现状等信息；深入了解当地农民对其优良特性、栽培方式、利用价值、适应范围等方面的认知，为种质资源保护和利用提供基础信息。填写《第三次全国农作物种质资源普查与收集行动 - 种质资源调查表》（见附件4）。22县名单见附件5。

抢救性收集各类作物古老的地方品种及其野生近缘植物资源2 000份左右。

（三）种质资源保存

征集和收集的种质资源，分别由4省（自治区、直辖市）农业科学院妥善保存，以备鉴定编目入库。

二、工作措施

（一）制定种质资源普查与收集标准和编写培训教材

中国农业科学院作物科学研究所组织制定各作物种质资源普查、系统调查和采集标准；设计制作各作物种质资源普查、系统调查和采集表格；编制培训教材。

（二）组建普查与收集专业队伍

1. 指导4省（自治区、直辖市）种子管理机构及有关县农业局，组建由相关专业管理和技术人员构成的普查工作组，开展农作物种质资源普查与征集工作。

2. 指导4省（自治区、直辖市）省级农科院组织农作物种质资源、作物育种与栽培、植物分类学等专业人员组建专业队伍，开展系统调查与抢救性收集工作。

（三）开展技术培训

1. 分省举办种质资源普查与征集培训。解读“农作物种质资源普查与收集行动”实施方案及管理办法，培训文献资料查阅、资源分类、信息采集、数据填报、样本征集、资源保存方法，以及如何与农户座谈交流等。

2. 举办系统调查与抢救性收集培训。解读“农作物种质资源普查与收集行动”实施方案及管理办法，培训资源目录查阅核对、调查点遴选、仪器设备使用、信息采集、数据填报、资源收集、妥善保存、鉴定评价等。

三、进度安排

7月上旬：农业部组织召开第三次全国农作物种质资源普查与收集行动启动会。中国农科院作物科学研究所与湖北、湖南、广西、重庆4省（自治区、直辖市）种子管理机构、农科院签订任务合同。

7月中下旬：中国农业科学院作物科学研究会同4省（自治区、直辖市）农业厅，分省举办4期普查与征集培训班。与235个县（市）农业局签订任务合同，拨付专项经费。

8 月上旬：中国农业科学院作物科学研究所在湖北省武汉市举办 1 期系统调查和抢救性收集培训班，对 4 省（自治区、直辖市）农科院及中国农业科学院相关研究所、有关大专院校的专业技术人员进行培训。

8 月中旬至 10 月底：235 个农业县（市）完成农作物种质资源的普查与征集工作，将普查数据录入数据库，将征集的种质资源送交本省农科院。

8 月下旬至 11 月底：4 省（自治区、直辖市）农科院完成 22 个农业县（市）农作物种质资源的系统调查与抢救性收集工作，将征集和收集的种质资源进行整理，临时保存，并建立数据库。

12 月：4 省（自治区、直辖市）种子管理机构和农科院进行普查和调查资料的整理、汇总，并进行课题总结和专项总结。

附件：

1. 第三次全国农作物种质资源普查与收集行动 2015 年普查县清单（235 个）

2. 第三次全国农作物种质资源普查与收集行动 - 普查表

3. 第三次全国农作物种质资源普查与收集行动 - 种质资源征集表

4. 第三次全国农作物种质资源普查与收集行动 - 种质资源调查表

5. 第三次全国农作物种质资源普查与收集行动 2015 年系统调查县清单（22 个）

附件 1

第三次全国农作物种质资源普查与收集行动 2015 年普查县清单（235 个）

一、湖北省

序号	普查县(市、区)	备注	序号	普查县（市、区）	备注
1	黄陂区	武汉市	37	团风县	黄冈市
2	新洲区		38	红安县	
3	阳新县	黄石市	39	罗田县	
4	大冶市		40	英山县	
5	郧西县	十堰市	41	浠水县	
6	竹山县		42	蕲春县	
7	竹溪县		43	黄梅县	
8	房县		44	麻城市	
9	丹江口市		45	武穴市	
10	远安县	宜昌市	46	嘉鱼县	咸宁市
11	兴山县		47	通城县	
12	秭归县		48	崇阳县	
13	长阳土家族自治县		49	通山县	
14	五峰土家族自治县		50	赤壁市	
15	当阳市		51	随县	随州市
16	枝江市		52	广水市	
17	南漳县	襄阳市	53	恩施市	恩施土家族苗族自治州
18	谷城县		54	利川市	
19	保康县		55	建始县	
20	枣阳市		56	巴东县	
21	宜城市		57	宣恩县	
22	梁子湖区	鄂州市	58	咸丰县	
23	京山县	荆门市	59	来凤县	
24	沙洋县		60	鹤峰县	
25	钟祥市		61	天门市	省直辖县级行政区
26	孝昌县	孝感市	62	神农架林区	
27	大悟县				
28	云梦县				
29	应城市				
30	安陆市				
31	公安县	荆州市			
32	监利县				
33	江陵县				
34	石首市				
35	洪湖市				
36	松滋市				

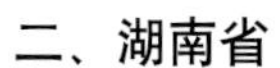

二、湖南省

序号	普查县(市、区)	备注	序号	普查县（市、区）	备注
1	浏阳市	长沙市	41	资兴市	郴州市
2	宁乡县		42	宜章县	
3	株洲县	株洲市	43	汝城县	
4	炎陵县		44	安仁县	
5	茶陵县		45	嘉禾县	
6	攸县		46	临武县	
7	湘乡市	湘潭市	47	桂东县	
8	韶山市		48	永兴县	
9	湘潭县		49	桂阳县	
10	耒阳市	衡阳市	50	祁阳县	永州市
11	常宁市		51	蓝山县	
12	衡东县		52	宁远县	
13	衡山县		53	新田县	
14	祁东县		54	东安县	
15	武冈市	邵阳市	55	江永县	
16	邵东县		56	道县	
17	洞口县		57	双牌县	
18	新邵县		58	江华瑶族自治县	
19	绥宁县		59	洪江市	怀化市
20	新宁县		60	会同县	
21	隆回县		61	沅陵县	
22	城步苗族自治县		62	辰溪县	
23	临湘市	岳阳市	63	溆浦县	
24	汨罗市		64	中方县	
25	湘阴县		65	新晃侗族自治县	
26	平江县		66	芷江侗族自治县	
27	华容县		67	通道侗族自治县	
28	澧县	常德市	68	靖州苗族侗族自治县	
29	临澧县		69	麻阳苗族自治县	
30	桃源县		70	涟源市	娄底市
31	汉寿县		71	新化县	
32	安乡县		72	双峰县	
33	石门县		73	古丈县	湘西土家族苗族自治州
34	武陵源区	张家界市	74	龙山县	
35	慈利县		75	永顺县	
36	桑植县		76	凤凰县	
37	沅江市	益阳市	77	泸溪县	
38	桃江县		78	保靖县	
39	南县		79	花垣县	
40	安化县				

三、广西

序号	普查县（市、区）	备注	序号	普查县（市、区）	备注
1	武鸣县	南宁市	41	合山市	来宾市
2	隆安县		42	象州县	
3	马山县		43	武宣县	
4	上林县		44	忻城县	
5	宾阳县		45	金秀瑶族自治县	
6	横县		46	凌云县	百色市
7	柳江县	柳州市	47	平果县	
8	柳城县		48	西林县	
9	鹿寨县		49	乐业县	
10	融安县		50	德保县	
11	融水苗族自治县		51	田林县	
12	三江侗族自治县		52	田阳县	
13	阳朔县	桂林市	53	靖西县	
14	临桂县		54	田东县	
15	灵川县		55	那坡县	
16	全州县		56	隆林各族自治县	
17	平乐县		57	钟山县	贺州市
18	兴安县		58	昭平县	
19	灌阳县		59	富川瑶族自治县	
20	荔浦县		60	宜州市	河池市
21	资源县		61	天峨县	
22	永福县		62	凤山县	
23	龙胜各族自治县		63	南丹县	
24	恭城瑶族自治县		64	东兰县	
25	岑溪市	梧州市	65	都安瑶族自治县	
26	苍梧县		66	罗城仫佬族自治县	
27	藤县		67	巴马瑶族自治县	
28	蒙山县		68	环江毛南族自治县	
29	合浦县	北海市	69	大化瑶族自治县	
30	东兴市	防城港市	70	凭祥市	崇左市
31	上思县		71	宁明县	
32	灵山县	钦州市	72	扶绥县	
33	浦北县		73	龙州县	
34	桂平市	贵港市	74	大新县	
35	平南县		75	天等县	
36	北流市	玉林市			
37	容县				
38	陆川县				
39	博白县				
40	兴业县				

四、重庆市

序号	普查县（市、区）
1	璧山区
2	铜梁区
3	潼南县
4	荣昌县
5	梁平县
6	城口县
7	丰都县
8	垫江县
9	武隆县
10	忠县
11	开县
12	云阳县
13	奉节县
14	巫山县
15	巫溪县
16	石柱土家族自治县
17	秀山土家族苗族自治县
18	酉阳土家族苗族自治县
19	彭水苗族土家族自治县

附件 2

“第三次全国农作物种质资源普查与收集”普查表

（1956 年、1981 年、2014 年）

填表人：________日期：______年_____月_____日，联系电话：__________

一、基本情况

（一）县名：____

（二）历史沿革（名称、地域、区划变化）：____________________

（三）行政区划：县辖_______个乡（镇）______个村，县城所在地_______

（四）地理系统：

县海拔范围__________～__________米，经度范围_________°～_________°

纬度范围__________°～__________°，年均气温_________℃

年均降雨量__________毫米

（五）人口及民族状况：

总人口数____________万人，其中农业人口____________万人

少数民族数量：____个，其中人口总数排名前 10 的民族信息：

民族________人口________万，民族________人口________万

民族________人口________万，民族________人口________万

民族________人口________万，民族________人口________万

民族________人口________万，民族________人口________万

民族________人口________万，民族________人口________万

民族________人口________万，民族________人口________万

（六）土地状况：

县总面积____________千米^2，耕地面积____________万亩

草场面积________________万亩，林地面积____________万亩

湿地（含滩涂）面积______万亩，水域面积____________万亩

（七）经济状况：

生产总值________________万元，工业总产值__________万元

农业总产值______________万元，粮食总产值__________万元

经济作物总产值__________万元，畜牧业总产值________万元

水产总产值______________万元，人均收入____________元

（八）受教育情况：

高等教育_____%，中等教育_____%，初等教育_____%，未受教育_____%

二、全县种植的粮食作物情况

作物种类	种植面积（亩）	种植品种数目								具有保健、药用、工艺品、宗教等特殊用途品种		
		地方品种				培育品种				名称	用途	单产（千克/亩）
		数目	代表性品种			数目	代表性品种					
			名称	面积（亩）	单产（千克/亩）		名称	面积（亩）	单产（千克/亩）			

注：表格不足请自行补足。

三、全县种植的油料、蔬菜、果树、茶、桑、棉、麻等主要经济作物情况

作物种类	种植面积（亩）	种植品种数目								具有保健、药用、工艺品、宗教等特殊用途品种		
		地方或野生品种				培育品种				名称	用途	单产（千克 / 亩）
		数目	代表性品种			数目	代表性品种					
			名称	面积（亩）	单产（千克 / 亩）		名称	面积（亩）	单产（千克 / 亩）			

注：表格不足请自行补足。

附件 3

“第三次全国农作物种质资源普查与收集行动”种质资源征集表

注：* 为必填项

<table>
<tr><td>样品编号*</td><td colspan="2"></td><td>日期*</td><td colspan="2">年 月 日</td></tr>
<tr><td>普查单位*</td><td colspan="2"></td><td>填表人及电话*</td><td colspan="2"></td></tr>
<tr><td>地点*</td><td colspan="5">省 市 县 乡（镇） 村</td></tr>
<tr><td>经度</td><td></td><td>纬度</td><td></td><td>海拔</td><td></td></tr>
<tr><td>作物名称</td><td colspan="2"></td><td>种质名称</td><td colspan="2"></td></tr>
<tr><td>科名</td><td colspan="2"></td><td>属名</td><td colspan="2"></td></tr>
<tr><td>种名</td><td colspan="2"></td><td>学名</td><td colspan="2"></td></tr>
<tr><td>种质类型</td><td colspan="5">□地方品种 □选育品种 □野生资源 □其他</td></tr>
<tr><td>种质来源</td><td colspan="5">□当地 □外地 □外国</td></tr>
<tr><td>生长习性</td><td colspan="2">□一年生 □多年生 □越年生</td><td>繁殖习性</td><td colspan="2">□有性 □无性</td></tr>
<tr><td>播种期</td><td colspan="2">（ ）月 □上旬 □中旬 □下旬</td><td>收获期</td><td colspan="2">（ ）月 □上旬 □中旬 □下旬</td></tr>
<tr><td>主要特性</td><td colspan="5">□高产 □优质 □抗病 □抗虫 □耐盐碱 □抗旱
□广适 □耐寒 □耐热 □耐涝 □耐贫瘠 □其他</td></tr>
<tr><td>其他特性</td><td colspan="5"></td></tr>
<tr><td>种质用途</td><td colspan="5">□食用 □饲用 □保健药用 □加工原料 □其他</td></tr>
<tr><td>利用部位</td><td colspan="5">□种子（果实） □根 □茎 □叶 □花 □其他</td></tr>
<tr><td>种质分布</td><td colspan="2">□广 □窄 □少</td><td>种质群落（野生）</td><td colspan="2">□群生 □散生</td></tr>
<tr><td>生态类型</td><td colspan="5">□农田 □森林 □草地 □荒漠 □湖泊 □湿地 □海湾</td></tr>
<tr><td>气候带</td><td colspan="5">□热带 □亚热带 □暖温带 □温带 □寒温带 □寒带</td></tr>
<tr><td>地形</td><td colspan="5">□平原 □山地 □丘陵 □盆地 □高原</td></tr>
<tr><td>土壤类型</td><td colspan="5">□盐碱土 □红壤 □黄壤 □棕壤 □褐土 □黑土 □黑钙土
□栗钙土 □漠土 □沼泽土 □高山土 □其他</td></tr>
<tr><td>采集方式</td><td colspan="5">□农户搜集 □田间采集 □野外采集 □市场购买 □其他</td></tr>
<tr><td>采集部位</td><td colspan="5">□种子 □植株 □种茎 □块根 □果实 □其他</td></tr>
<tr><td>样品数量</td><td colspan="5">（ ）粒 （ ）克 （ ）个 / 条 / 株</td></tr>
<tr><td>样品照片</td><td colspan="5"></td></tr>
<tr><td>是否采集标本</td><td colspan="5">□是 □否</td></tr>
<tr><td>提供人</td><td colspan="5">姓名： 性别： 民族： 年龄： 联系电话：</td></tr>
<tr><td>备注</td><td colspan="5"></td></tr>
</table>

填写说明

本本表为征集资源时所填写的资源基本信息表，一份资源填写一张表格。

1．样品编号：征集的资源编号。由 P + 县代码 +3 位顺序号组成，共 10 位，顺序号由 001 开始递增，如“P430124008”。

2．日期：分别填写阿拉伯数字，如 2011、10、1。

3．普查单位：组织实地普查与征集单位的全称。

4．填表人及电话：填表人全名和联系电话。

5．地点：分别填写完整的省、市、县、乡（镇）和村的名字。

6．经度、纬度：直接从 GPS 上读数，请用“度”格式，即 ddd.dddddd 度（不要填写“度”字或是“°”符号），不要用 dd 度 mm 分 ss 秒格式和 dd 度 mm.mmmm 分格式。一定要在 GPS 显示已定位后再读数!

7．海拔：直接从 GPS 上读数。

8．作物名称：该作物种类的中文名称，如水稻、小麦等。

9．种质名称：该份种质的中文名称。

10．科名、属名、种名、学名：填写拉丁名和中文名。

11．种质类型：单选，根据实际情况选择。

12．生长习性：单选，根据实际情况选择。

13．繁殖习性：单选，根据实际情况选择。

14．播种期、收获期：括号内填写月份的阿拉伯数字，再选择上、中、下旬。

15．主要特性：可多选，根据实际情况选择。

16．其他特性：该资源的其他重要特性。

17．种质用途：可多选，根据实际情况选择。

18．种质分布、种质群落：单选，根据实际情况选择。

19．生态类型：单选，根据实际情况选择。

20．气候带：单选，根据实际情况选择。

21．地形：单选，根据实际情况选择。

22．土壤类型：单选，根据实际情况选择。

23．采集方式：单选，根据实际情况选择。

24．采集部位：可多选，根据实际情况选择。

25．样品数量：按实际情况选择粒、克或个 / 条 / 份，填写阿拉伯数字。

26．样品照片：样品的全写、典型特征和样品生境照片的文件名，采用“样品编号”-1、“样品编号”-2...... 的方式对照片文件进行命名，如“P430124008-1.jpg”。

27．是否采集标本：单选，根据实际情况选择。

28．提供人：样品提供人（如农户等）的个人信息。

29．备注：如表格填写项不足以描述该资源的情况，或普查人员觉得必须要加以记载的其他信息，请在此作详细描述。

附件 4

“第三次全国农作物种质资源普查与收集行动”种质资源调查表
——粮食、油料、蔬菜及其他一年生作物

□未收集的一般性资源　□ 特有和特异资源

1. 样品编号：__________，日期：______年_____月_____日
采集地点：__________，样品类型：__________，采集者及联系方式：__________

2. 生物学：物种拉丁名：______，作物名称：______，品种名称：______
俗名：______，生长发育及繁殖习性______，其他：__________

3. 品种类别：□ 野生品种，□ 地方品种，□ 育成品种，□ 引进品种

4. 品种来源：□ 前人留下，□ 换种，□ 市场购买，□ 其他途径：______

5. 该品种已种植了大约______年，在当地大约有______农户种植该品种，该品种在当地的种植面积大约有______亩

6. 该品种的生长环境：GPS 定位：海拔：______米，经度：______°，纬度：______°

土壤类型：__________，分布区域：__________

伴生、套种或周围种植的作物种类：__________

7. 种植该品种的原因：□ 自家食用，□ 市场出售，□ 饲料用，□ 药用，□ 观赏，□ 其他用途：__________

8. 该品种若具有高效(低投入，高产出)、保健、药用、工艺品、宗教等特殊用途：
具体表现：__________
具体利用方式与途径：__________

9. 该品种突出的特点（具体化）：
优质：__________
抗病：__________
抗虫：__________
抗寒：__________

抗旱：____

耐贫瘠：______________________________________

产量：平均单产____________千克/亩，最高单产__________千克/亩

其他：____

10. 利用该品种的部位：□ 种子，□ 茎，□ 叶，□ 根，□ 其他：________

11. 该品种株高______厘米，穗长______厘米，籽粒：□ 大，□ 中，□ 小

品质：□ 优，□ 中，□ 差

12. 该品种大概的播种期：______________，收获期：______________

13. 该品种栽种的前茬作物：____________，后茬作物：____________

14. 该品种栽培管理要求（病虫害防治、施肥、灌溉等）：

____

15. 留种方法及种子保存方式：______________________________

16. 样品提供者：姓名：______，性别：______，民族：______，年龄：______，

文化程度：__________，家庭人口：__________，联系方式：__________

17. 照相：样品照片编号：______________________________

注：照片编号与样品编号一致，若有多张照片，用“样品编号”加“-”加序号，样品提供者、生境、伴生物种、土壤等照片的编号与样品编号一致。

18. 标本：标本编号：________________________________

注：在无特殊情况下，每份野生资源样品都必须制作 1 ～ 2 个相应材料的典型、完整的标本，标本编号与样品编号一致，若有多个标本，用“样品编号”加“-”加序号。

19. 取样：在无特殊情况下，地方品种、野生种每个样品（品种）都必须从田间不同区域生长的至少 50 个单株上各取 1 个果穗，分装保存，确保该品种的遗传多样性，并作为今后繁殖、入库和研究之用；栽培品种选取 15 个典型植株各取 1 个果穗混合保存。

20. 其他需要记载的重要情况：______________________________

“第三次全国农作物种质资源普查与收集行动”种质资源调查表
——果树、茶、桑及其他多年生作物

1. 样品编号：________________，日期：________年________月________日

采集地点：________，样品类型：________，采集者及联系方式：________

2. 生物学：物种拉丁名：_______，作物名称：______，品种名称：______

俗名：_______，分布区域_______，历史演变_______，伴生物种_______，

生长发育及繁殖习性_______________，极端生物学特性：_______________

其他：____

3. 地理系统：GPS 定位：_____，海拔：_____米，经度：_____°，纬度：_____°

地形：____________，地貌：_____________，年均气温：_____________℃

年均降雨量：___________________毫米，其他：_______________________

4. 生态系统：土壤类型：________________，植被类型：_______________

植被覆盖率：___________________%，其他：__________________________

5. 品种类别：□ 地方品种，□ 育成品种，□ 引进品种，□ 野生品种

6. 品种来源：□ 前人留下，□ 换种，□ 市场购买，□ 其他途径：______

7. 种植该品种的原因：□自家食用，□饲用，□市场销售，□药用，□其他用途：

8. 品种特性：

优质：____

抗病：____

抗虫：____

产量：____

其他：____

9. 该品种的利用部位：□ 果实，□ 种子，□ 植株，□ 叶片，□ 根，□其他________________________________

10. 该品种具有的药用或其他用途：________________________

具体用途：________________________________

利用方式与途径：________________________________

11. 该品种其他特殊用途和利用价值：□ 观赏，□ 砧木，□ 其他：______

12. 该品种的种植密度：________________，间种作物：______________

13. 该品种在当地的物候期：________________________

14. 品种提供者种植该品种大约有______年，现在种植的面积大约______亩

当地大约有__________户农户种植该品种，种植面积大约有__________亩

15. 该品种大概的开花期：________________，成熟期：______________

16. 该品种栽种管理有什么特别的要求？

____

17. 该品种株高：____米，果实大小：____厘米，果实品质：□ 优，□ 中，□ 差

18. 品种提供者一年种植哪几种作物：________________________

19. 其他：____

20. 样品提供者：姓名：_____，性别：_____，民族：_____，年龄：_____，文化程度：__________，家庭人口：__________人，联系方式：__________

附件 5

第三次全国农作物种质资源普查与收集行动
2015 年系统调查县清单（22 个）

序号	普查县（市、区）	所在地区	省（自治区、直辖市）
1	郧西县	十堰市	湖北省
2	秭归县	宜昌市	
3	南漳县	襄阳市	
4	通山县	咸宁市	
5	咸丰县	恩施土家族苗族自治州	
6	隆回县	邵阳市	湖南省
7	临湘市	岳阳市	
8	石门县	常德市	
9	桑植县	张家界市	
10	道县	永州市	
11	沅陵县	怀化市	
12	凤凰县	湘西土家族苗族自治州	
13	灵川县	桂林市	广西自治区
14	博白县	玉林市	
15	灵山县	钦州市	
16	那坡县	百色市	
17	都安瑶族自治县	河池市	
18	上思县	防城港市	
19	凭祥市	崇左市	
20	开县		重庆市
21	潼南区		
22	酉阳土家族苗族自治县		

附录五

关于印发《湖南省第三次农作物种质资源普查、收集与创制行动方案》的通知

（湖南省农业委员会、湖南省发展和改革委员会、湖南省科学技术厅、湖南省财政厅、湖南省农业科学院　湘农联〔2015〕181 号　2015 年 9 月 18 日印发）

各市州农委、发改委、科技局、财政局，有关科研院所：

按照《农业部、国家发展改革委、科技部关于印发〈全国农作物种质资源保护与利用中长期发展规划（2015—2030 年）〉的通知》（农种发〔2015〕2 号）文件精神和“第三次全国农作物种质资源普查与收集启动会”会议要求，我省被国家列为第一批实施种质资源普查与收集工作的 4 个省（自治区、直辖市）之一。为全面做好我省农作物种质资源工作，省农业委员会、省发展和改革委员会、省科学技术厅、省财政厅、省农业科学院组织制定了《湖南省第三次农作物种质资源普查、收集与创制行动方案》，现印发给你们，请按照要求认真贯彻落实。

附件：湖南省第三次农作物种质资源普查、收集与创制行动方案

湖南省农业委员会　湖南省发展和改革委员会
湖南省科学技术厅　湖南省财政厅　湖南省农业科学院
2015 年 9 月 14 日

湖南省第三次农作物种质资源普查、收集与创制行动方案

为贯彻落实《全国农作物种质资源保护与利用中长期发展规划（2015—2030年）》（农种发〔2015〕2号），全面做好我省第三次农作物种质资源普查与收集工作，根据《农业部办公厅关于印发〈第三次全国农作物种质资源普查与收集行动实施方案〉的通知》要求，结合我省实际，特制定本方案。

一、目的意义

（一）农作物种质资源是国家关键性战略资源

近年来，随着生物技术的快速发展，各国围绕重要基因发掘、创新和知识产权保护的竞争越来越激烈。人类未来面临的食物、能源和环境危机的解决都有赖于种质资源的占有，作物种质资源越丰富，基因开发潜力越大，生物产业的竞争力就越强。农作物种质资源是保障国家粮食安全、生物产业发展和生态文明建设的关键性战略资源。

（二）我省农作物种质资源家底不清、丧失严重

我省分别于1956—1957年、1979—1983年对农作物种质资源进行了两次普查，但涉及范围小，作物种类少，尚未查清农作物种质资源的家底。近年来，随着气候、自然环境、种植业结构和土地经营方式等的变化，导致大量地方品种迅速消失，作物野生近缘植物资源也因其赖以生存繁衍的栖息地遭受破坏而急剧减少。因此，尽快开展农作物种质资源的全面普查和抢救性收集，查清我省农作物种质资源家底，保护携带重要基因的资源十分迫切。

（三）丰富国家农作物种质资源基因库，提升竞争力

通过开展农作物种质资源普查与收集，明确不同农作物种质资源的品种多样性和演化特征，预测今后农作物种质资源的变化趋势，丰富国内农作物种质资源的数量和多样性，不仅能够防止具有重要潜在利用价值种质资源的灭绝，而且通

过妥善保存，能够为未来国家生物产业的发展提供源源不断的基因资源，提升国际竞争力。

二、目标任务

（一）农作物种质资源普查和征集

对全省各农业县（市、区）开展各类作物种质资源的全面普查，基本查清各类作物的种植历史、栽培制度、品种更替、社会经济和环境变化，以及重要作物的野生近缘植物种类、地理分布、生态环境和濒危状况等重要信息。在此基础上，征集各类栽培作物和珍稀、濒危作物野生近缘植物的种质资源 1 500 ～ 2 000 份。

（二）农作物种质资源系统调查和抢救性收集

在普查基础上，选择 20 个农作物种质资源丰富的农业县（市）进行各类作物种质资源的系统调查。抢救性收集各类栽培作物的古老地方品种、种植年代久远的育成品种、重要作物的野生近缘植物以及其他珍稀、濒危野生植物种质资源 500 ～ 700 份。

（三）农作物种质资源保护、鉴定评价体系建设

完成种质保存库（圃）、原生境保护点、鉴定评价（分）中心认定与完善。对征集和收集的种质资源进行繁殖和基本生物学特征特性的鉴定评价，经过整理、整合并结合农民认知进行编目，入库（圃）妥善保存。建立省级农作物种质资源普查数据库和编目数据库，编写农作物种质资源普查报告、系统调查报告、种质资源目录和重要作物种质资源图集等技术报告，按照国家有关规定向国内开放共享。

（四）农作物新种质发掘与创制

完成 1 000 份种质资源的重要性状表型精准鉴定、全基因组水平基因型鉴定及关联分析，发掘与创制 50 份有重要育种价值的新种质，为新品种培育奠定坚实的物质基础。

三、行动内容与进度安排

（一）农作物种质资源普查与征集

在全省各农业县（市、区）实施农作物种质资源普查与征集，分两批进行，第一批79个县（市、区）、第二批26个县（市、区），详见附件1。

2015年7月，省农委指导第一批79个县（市区）农业局（委），组建由相关专业技术人员构成的普查工作组，每县（市区）5人左右，开展农作物种质资源普查与征集工作。

2015年8月中旬，省农委会同中国农业科学院作物科学研究所、省农业科学院编制培训教材，制定种质资源普查和采集标准，举办种质资源普查与征集培训班，第一批79个县（市区）农业局（委）各派2名骨干普查人员参加培训。

2015年8月至2016年5月，79个县（市区）农业局完成种质资源普查与征集工作（春夏播作物于2015年10月底完成，秋冬播作物于2016年5月底完成），将普查数据录入数据库，将征集的种质资源送交省农科院。

2016年6—12月，省农委将普查资料整理、汇总并进行课题小结。省农科院将征集的种质资源整理，临时保存，并建立数据库。

2017—2018年，在总结第一批79个县（市、区）种质资源普查与征集工作的基础上，进一步优化工作方案，完成第二批26个县（市、区）种质资源的普查与征集工作。

（二）农作物种质资源系统调查与抢救性收集

在全省23个农业县（市、区）实施农作物种质资源系统调查与抢救性收集，分两批进行，第一批7个县（市、区）、第二批16个县（市、区），详见附件2。

2015年7月，省农科院、省农委组织有关大专院校的相关专业技术人员构成种质资源系统调查和收集工作组，共约20人。

2015年8月上旬，省农科院会同中国农业科学院作物科学研究所编制培训教材，制定种质资源系统调查和采集标准，举办种质资源系统调查和收集培训班，第一批7个县（市区）农业局（委）、省农科院和有关大专院校的专业技术人员参加培训。

2015年8月至2016年12月，省农科院完成对7个县（市区）种质资源系统调查与收集工作（春夏播作物于 2015 年 10 月底完成，秋冬播作物于 2016 年 5 月底完成），将调查数据录入数据库，将收集的种质资源整理，临时保存。

2017—2018 年，在总结第一批系统调查与抢救性收集工作的基础上，进一步优化工作方案，完成第二批 16 个县（市、区）种质资源的系统调查与抢救性收集工作。

（三）农作物种质资源保护与鉴定

2016—2020 年，完善“湖南种质资源库”保存设施，完善和建设一批野生近缘植物原生境保护点，建设农作物种质资源鉴定与评价区域（分）中心。

2016—2025 年，完善农作物种质资源保护技术规范，对新收集的种质资源进行基本农艺性状鉴定、信息采集、编目入库（圃）、长期保存；研究高成活率和遗传稳定的茎尖、休眠芽、花粉等外植体超低温和 DNA 保存关键技术，以及快速、无损的活力监测和预警技术；依据作物种质类型、保存年限和批次，每年随机抽取 5% 的保存种质样品，监测种植保存库（圃）和原生境保护点种质资源的活力与遗传完整性，并及时更新与复壮。

2016—2025 年，对 3 000 份初选优异种质资源，在多个适宜生态区进行多年的表型精准鉴定和综合评价。开展全基因组水平的基因型鉴定，对特异资源开展全基因组测序与功能基因研究，发掘优异性状关键基因及其有利等位基因。

（四）农作物新种质发掘与创制

2016—2025 年，以地方品种、野生种为供体，通过远缘杂交、理化诱变、基因工程等技术手段，向主栽品种导入新的优异基因，研究该优异基因的遗传与育种效应，剔除遗传累赘，规模化创制遗传稳定、目标性状突出、综合性状优良的新种质；研究建立创新种质中优异基因快速检测、转移、聚合和追踪的技术体系，向育种家提供新材料、新技术等配套服务，促进创新种质的高效利用。

四、保障措施

（一）加强组织领导

建立湖南省实施第三次全国农作物种质资源普查、收集与创制行动联席会议制度。联席会议由省农业委员会、省发展和改革委员会、省科学技术厅、省财政厅、省农业科学院共五个部门（单位）组成，省农业委员会为牵头单位。省农委主任担任召集人，其他成员单位有关负责同志为联席会议成员。联席会议主要负责研究审定农作物种质资源普查、收集与创制行动实施方案、政策措施、资金安排、进度调度等重大问题。联席会议办公室设省农业委员会，承担联席会议日常工作，办公室主任由省农业委员会种子管理处处长兼任。各项目县市区相应成立县级实施第三次农作物种质资源普查与收集行动领导小组，组织开展日常工作。

（二）明确工作任务

农作物种质资源的全面普查、收集与创制是一项系统性、综合性很强的行动，需要相关部门统筹协调、密切配合。省农委牵头负责组织全省农业县（市、区）的农作物种质资源的全面普查和征集，负责组织普查与征集人员培训，建立省级种质资源普查与调查数据库，汇总有关县提交的普查信息，经联席会议审核通过后提交国家种质信息中心。

省农业科学院负责组织全省农作物种质资源丰富县（市、区）的系统调查和抢救性收集，每个县抢救性收集各类作物种质资源 80 ～ 100 份，妥善保存全省征集和收集的各类作物种质资源，以及繁殖、鉴定、评价，并将鉴定结果和种质资源提交国家作物种质库（圃）。

县（市、区）农业局承担本县（市、区）农作物种质资源的全面普查和征集。组织普查人员对辖区内的种质资源进行普查，并将数据录入数据库；征集当地古老、珍稀、特有、名优作物地方品种和作物野生近缘植物种质资源 20 ～ 30 份，并将征集的农作物种质资源送交省农科院。

有关农作物种质资源库（圃）、原生境保护点、鉴定与评价区域（分）中心负责农作物种质资源保护保存、基本农艺性状鉴定、信息采集、编目入库（圃）。省内有关国家级、省部级科研院所和高等院校负责优异种质资源的创制。

（三）强化经费保障

对我省纳入农作物种质资源普查与征集，种质资源系统调查与抢救性收集范围的县（市区）安排一定的经费保障，支持种质资源保护保存、鉴定评价和新种质创制。相关县（市、区）应相应安排适当的经费保障农作物种质资源普查与收集工作顺利开展。

（四）强化技术支撑

省农委与省农科院共同组建普查与收集工作组。有关县农业局组建由专业技术人员构成的普查专业队伍；省农科院组织种质资源、作物育种与栽培、植物分类学等专业人员组建系统调查课题组。分别开展农作物种质资源普查与征集、系统调查与抢救性收集工作。

省农委会同中国农业科学院作物科学研究所、省农科院举办种质资源普查与征集培训班，解读农作物种质资源普查与收集行动实施方案及管理办法，培训文献资料查阅、资源分类、信息采集、数据填报、样本征集、资源保存等方法，以及如何与农户座谈交流等。举办系统调查与抢救性收集培训，解读农作物种质资源普查与收集行动实施方案及管理办法，培训资源目录查阅核对、调查点遴选、仪器设备使用、信息采集、数据填报、资源收集、妥善保存、鉴定评价等。

（五）加强督导检查

加强对第三次农作物种质资源普查、收集与创制行动的督导检查，对人员、财务、物资、资源、信息等进行规范管理，对建立的数据库和专项成果等按照国家法律法规及相关规定实现共享；制定资金管理办法，明确经费预算、使用范围、支付方式、运转程序、责任主体等。省农委会同省农科院等单位，通过中期检查、年终总结和随机检查等方式，对各县执行进度和完成情况进行督导，确保行动方案稳步推进、顺利实施。

附件 1

第三次湖南农作物种质资源普查与收集行动 2015 年普查县名单

第一批 79 个县（市、区）

长沙市：浏阳市　宁乡县

株洲市：株洲县　炎陵县　茶陵县　攸　县

湘潭市：湘乡市　韶山市　湘潭县

衡阳市：耒阳市　常宁市　衡东县　衡山县　祁东县

邵阳市：武冈市　邵东县　洞口县　新邵县　绥宁县　新宁县　隆回县
城步苗族自治县

岳阳市：临湘市　汨罗市　湘阴县　平江县　华容县

常德市：澧　县　临澧县　桃源县　汉寿县　安乡县　石门县

益阳市：沅江市　桃江县　南　县　安化县

永州市：祁阳县　蓝山县　宁远县　新田县　东安县　江永县　道县
双牌县　江华瑶族自治县

郴州市：资兴市　宜章县　汝城县　安仁县　嘉禾县　临武县　桂东县
永兴县　桂阳县

娄底市：涟源市　新化县　双峰县

张家界市：武陵源区　慈利县　桑植县

怀化市：洪江市　会同县　沅陵县　辰溪县　溆浦县　中方县
新晃侗族自治县　芷江侗族自治县　通道侗族自治县
靖州苗族侗族自治县　麻阳苗族自治县

湘西土家族苗族自治州：古丈县　龙山县　永顺县　凤凰县　泸溪县
保靖县　花垣县

第二批 26 个县（市、区）

长沙市：长沙县　望城区

株洲市：醴陵市

湘潭市：雨湖区　岳塘区
衡阳市：衡南县　衡阳县
邵阳市：邵阳县
岳阳市：岳阳县　屈原区　云溪区　君山区
常德市：鼎城区　津市市
益阳市：资阳区　赫山区　大通湖区
永州市：零陵区　冷水滩区
郴州市：北湖区　苏仙区
娄底市：冷水江市　娄星区
张家界市：永定区
怀化市：洪江区
湘西土家族苗族自治州：吉首市

附件 2

第三次湖南农作物种质资源普查与收集行动 2015 年系统调查县名单

第一批 7 个县（市、区）

株洲市：茶陵县
邵阳市：城步苗族自治县
常德市：石门县
益阳市：沅江市
永州市：道县
郴州市：宜章县
湘西土家族苗族自治州：凤凰县

第二批 16 个县（市、区）

株洲市：炎陵县
衡阳市：常宁市
邵阳市：隆回县
岳阳市：平江县　临湘市　华容县
常德市：桃源县
永州市：江永县
郴州市：汝城县　桂东县
娄底市：新化县
张家界市：桑植县
怀化市：洪江区　沅陵县　新晃县
湘西土家族苗族自治州：永顺县